Klimaneutral!

Prof. Dr. Lothar Abicht ist Unternehmer, Hochschullehrer, Forscher und Autor zahlreicher Artikel und Bücher sowie gefragter Speaker. Er ist Experte für Bildungsforschung, technologische Entwicklung und die Arbeits- und Lebenswelt von morgen. Zurzeit arbeitet er als Senior Associate bei Themis Foresight an einem Forschungsprojekt zur »Fünften industriellen Revolution«.

Carina Stöttner ist Mitgründerin und Geschäftsführerin bei Themis Foresight. Die Kommunikationswissenschaftlerin und Soziologin berät mit ihrer Corporate Foresight europäische Unternehmen in Zukunftsfragen. Als Panel-Teilnehmerin bringt sie ihre Perspektive zu viel diskutierten Themen ein.

LOTHAR ABICHT
CARINA STÖTTNER

KLIMANEUTRAL!

So gelingt der Umbau von Wirtschaft und Technologie. Klima-Innovation für eine sichere Zukunft

Campus Verlag
Frankfurt/New York

Für Simon Joscha, Samuel und alle Kinder, deren Zukunft davon abhängen wird, ob es der Menschheit gelingt, mit den von uns beschriebenen und vielen weiteren Maßnahmen den Ausstoß klimaschädlicher Gase zu stoppen und den Klimawandel aufzuhalten.

FSC www.fsc.org MIX Papier | Fördert gute Waldnutzung FSC® C089473

ISBN 978-3-593-51858-9 Print
ISBN 978-3-593-45695-9 E-Book (PDF)
ISBN 978-3-593-45694-2 E-Book (EPUB)

Umschlaggestaltung: zeichenpool, München
Umschlagmotiv: © shutterstock, udaya fire
Satz: inpunkt[w]o, Wilnsdorf (www.inpunktwo.de)
Gesetzt aus der: Sabon, Gotham
Druck und Bindung: Beltz Grafische Betriebe GmbH, Bad Langensalza
Beltz Grafische Betriebe ist ein klimaneutrales Unternehmen (ID 15985-2104-1001).
Printed in Germany
www.campus.de

Inhalt

Die fünfte industrielle Revolution

2021 haben wir die Behauptung formuliert, dass der größte technologische Sprung der Menschheit nach vorn nicht mehr aus der Welt der Bits, sondern aus der Welt der Atome kommen wird. Auf den Punkt gebracht heißt das: »Wer die mit dem Klimawandel zusammenhängenden Probleme lösen kann, verändert die Welt.«[1] Was wir in unserer Analyse nur schematisch umrissen hatten, wuchs zu einem Forschungsprojekt heran, das sich schrittweise der Frage annahm, welche Voraussetzungen heute schon existieren beziehungsweise realisierbar wären, um die Weltwirtschaft komplett auf klimaneutrale Produktion umzustellen. Und somit nicht nur langfristig unseren Planeten bewohnbar für die Menschheit zu halten, sondern auch den Wohlstand, den sich die Menschheit in Jahrtausenden erkämpft hat, zu verteidigen und auszuweiten.[2]

Das Bewusstsein, dass sich der Mensch im Industriezeitalter anfangs unwissentlich, später mit Ignoranz, Leichtfertigkeit und auch krimineller Energie selbst die Lebensgrundlage auf der Erde entzieht, hat sich in weiten Teilen der westlichen Welt durchgesetzt – sprich: dort, wo schädliche Produktionsweisen ihren Ausgang nahmen und von wo sie in alle Welt exportiert worden sind. Doch die Antworten auf diese Krise fallen unterschiedlich aus. Ein Teil der westeuropäischen Mittelklasse träumt von einem »Degrowth« oder einer Postwachstums-Ökonomie, in der die Menschheit in kleinen, lokalen Kommunen selbstversorgend Dienst an der Gemeinde verrichtet. Abgesehen davon, dass dies kein wirklich neuer Gedanke ist, ist der Versuch, Massenproduktion und damit Innovation und das Streben nach materieller Absicherung einzudämmen, in seinem Wesen reaktionär. Er läuft den Interessen der großen Mehrheit der Weltbevölkerung zuwider, die bisher nicht in den Genuss der Annehmlichkeiten kam, die seit den letzten fünf bis sieben Jahrzehnten in der westlichen Welt Standard sind. Andere Länder, insbesondere China, versuchen aktuell, den Ausbau des Konsums mit hohen Zuwachsraten bei den erneuerbaren Energien zu verbinden. Wir verneinen natürlich nicht die Existenz von Konsum- und Produktionsexzessen, die aus einer Vielzahl von Gründen zurückgefahren werden sollten. So nehmen Menschen in der EU durchschnittlich 50 bis 60 Prozent mehr Kalorien zu sich, als sie für ein gesundes Leben benötigten. 2017 besaß jeder Haushalt im Schnitt drei

Telefone und anderthalb Flachbildschirm-Fernseher.[3] Europäische Haushalte horten durchschnittlich 13 Elektrogeräte wie Smartphones, Haartrockner oder Laptops, die schon längst nicht mehr in Benutzung sind, viele davon jedoch noch funktionstüchtig.[4]

Die Antwort auf die Klimakrise liegt für das Gros der Menschheit nicht im Verzicht auf Güter und Annehmlichkeiten – so naheliegend eine solche Position angesichts der krassen Unterschiede bei Reichtum, Lebensstandard und ökologischem Fußabdruck auch sein mag. Schon deswegen nicht, weil die Umstellung unserer Lebensweise innerhalb weniger Jahrzehnte erfolgen muss. Sie liegt unserer Meinung nach darin, alles, was hergestellt wird, so zu produzieren, dass es keine schädlichen Auswirkungen auf das Klima, auf Biodiversität, auf Wasserkreisläufe und so weiter gibt. Insbesondere der Ausstoß klimaschädlicher Gase aus der Verbrennung fossiler Rohstoffe muss schnell ein Ende haben. Dekarbonisierung aller Wirtschaftsbereiche ist die Herausforderung der Gegenwart und nahen Zukunft.

Ist das überhaupt möglich? Wir sind der Ansicht, dass es das ist – und wir sind nicht die Einzigen. Nicht nur in Deutschland diskutieren wir über die Energie- oder Verkehrswende, entwickeln und bauen Technologien, die uns dem großen Ziel einer Dekarbonisierung der Wirtschaft und damit einer Begrenzung des Klimawandels näherbringen. Das Gleiche passiert in vielen anderen Teilen der Welt – oft mit weit höherer Geschwindigkeit als in Deutschland. So will Kolumbien innerhalb von 15 Jahren die einheimische Nutzung und den Export fossiler Brennstoffe auf null herunterfahren.[5] China und die USA, die größten Verursacher von Treibhausgasen, haben milliardenschwere Programme zur Umsetzung der grünen Transformation verabschiedet und richten ihre Aufmerksamkeit auf die weltweite Beherrschung der Märkte für grüne Technologien. Überhaupt ist der Wettbewerb um den Ausbau der grünen Technologien gleichbedeutend mit der Beherrschung der Zukunftsmärkte. Tausende weitere Beispiele zeigen, dass die Loslösung von den fossilen Energieträgern und Rohstoffen möglich ist. Fast schon ein glücklicher Zufall ist die mit ihrem Einsatz verbundene Chance, imperiale Ansprüche, die sich oft aus dem Vorhandensein von Rohstoffen in unterschiedlichen Weltregionen ableiten, innerhalb einer historisch kurzen Zeitspanne zu lösen.

Aber mit der Energiewende und der Verkehrswende ist es nicht getan. Die Transformation kann und muss sich tatsächlich in jeder Branche vollziehen. Noch erfolgt ihre Verbreitung angesichts der Beschleunigung des Klimawandels viel zu langsam, aber die Basis ist da. Wenn also die industrielle und technologische Basis unserer Gesellschaft eine derartig tiefgreifende Veränderung erfährt, die nicht nur alle Branchen, sondern auch alle Länder nach und nach erfasst, ist es unseres Erachtens auch an der Zeit, für diese Transformation einen ausreichend wirkmächtigen Begriff zu finden. Aus unserer Sicht handelt es sich um nicht mehr und nicht weniger als den Beginn der fünften industriellen Revolution mit dem Ziel Dekarbonisierung.

Je nach Quelle werden heute vier industrielle Revolutionen unterschieden. Die erste Etappe begann um 1800 und führte durch die Mechanisierung vieler Arbeitsprozesse zur Industrie 1.0. Mit der durch die Elektrifizierung mögliche Massenproduktion um 1900 kam der Übergang zur Industrie 2.0. Die Industrie 3.0 war geprägt durch Computertechnologien und startete in den 1970er Jahren. Heute bewegen wir uns im digitalen Zeitalter, verbunden mit der Industrie 4.0. Jede dieser Etappen hatte eine zentrale Leittechnologie, die fast alle Arbeits- und Lebensbereiche beeinflusste. Die Leittechnologien setzten sich »naturwüchsig« durch, indem sie Entwicklungssprünge der Produktivität, die Ausweitung des Produktangebotes und Erhöhungen der ökonomischen Effizienz ermöglichten, die im nationalen und internationalen Kontext nicht aufzuhalten waren. Umweltfolgen der Technologieanwendung spielten meist nur am Rande eine Rolle.

Und heute? Was sind die von uns definierten Merkmale der fünften industriellen Revolution? Die entscheidende Gemeinsamkeit mit den Vorläufern der ersten bis vierten Revolution ist ihre umfassende Wirkung in allen Technologiefeldern. Die Umsetzung erfolgt vorwiegend in der Welt der Geräte sowie Anlagen und damit der »stofflichen Teilchen« und nicht allein in der digitalen Welt, der Welt der Bits. Die charakteristische Veränderung der technologischen Basis erfolgt im Unterschied zu vorhergehenden technologischen Revolutionen nicht naturwüchsig, angetrieben von kurzfristigen ökonomischen Vorteilen. Sie ist vielmehr das Ergebnis des gezielten und politisch verankerten Handelns der Menschen, die ihre Lebensgrundlagen erhalten wollen. Antrieb für dieses Handeln ist zumindest aktuell die Vermeidung einer Katastrophe durch den Klimawandel, welche in der Unbewohnbarkeit unseres Planeten gipfelt. Hinzu kommt der Kampf um die Weltmärkte der Zukunft und die Möglichkeit, mit vielen der neuen Technologien auch wesentlich effizienter und kostengünstiger zu produzieren.

Die Umsetzung der fünften industriellen Revolution erfolgt branchen- und technologieübergreifend auf unterschiedlichen technologischen Wegen. Ihr gemeinsames Merkmal ist die dominierende Rolle grünen Stroms als Energiequelle für unterschiedlichste Zwecke. Damit verbunden ist das Ende aller fossilen Rohstoffe und der Verbrennungstechnologien. Die Ablösung fossiler Rohstoffe begrenzt sich dabei nicht auf die Energieerzeugung. Auch in der chemischen Produktion verlieren sie an Bedeutung. Und was nicht mehr gebraucht wird, muss auch nicht mehr durch den Bergbau gefördert werden.

Die fünfte industrielle Revolution verläuft mit unterschiedlicher Geschwindigkeit in allen Branchen und Technologiefeldern. Für eine Reihe von typischen Technologien aus dem Zeitalter der Nutzung fossiler Rohstoffe gibt es heute bereits vollständigen Ersatz. Das bekannteste Beispiel sind Systeme zur Umwandlung regenerierbarer Energie anstelle der Verbrennung von Gas, Kohle oder Öl zur Elektrizitätsgewinnung. Technologien werden strukturell weiterentwickelt, zum Beispiel durch Einsatz anderer Energiequellen. Die Stahlherstellung mit grünem Wasserstoff anstelle von Gas und Kokskohle ist hierfür typisch. Schwieriger ist es bei Technologien, für die derzeit noch kein adäquater Ersatz existiert und die vorerst nur punktuell verbessert werden können. Dazu gehört die Zementherstellung, bei der im Brennprozess CO_2 freigesetzt wird. Vielversprechend sind noch am Anfang stehende neue Wirk- und Funktionsprinzipien, die beispielsweise der biologischen Transformation entstammen und die auch die Ernährung der Weltbevölkerung klimaneutral gestaltbar machen könnten.

In diesem Buch werden wir am Beispiel der wichtigsten Technologiefelder und Branchen demonstrieren, dass fast alle Technologien, die wir für eine klimaneutrale Umstellung der Wirtschaft benötigen, heute in ihrem Kern schon vorhanden sind. Manche haben dabei einen derartigen Reifegrad erreicht, dass wir ihren Einsatz heute schon als Selbstverständlichkeit wahrnehmen, andere stecken noch in den Kinderschuhen. Wir betrachten die zukünftige Energieversorgung, Stoffwandlung und Stoffformung, Mobilität, Landwirtschaft und Ernährung, Rechentechnologien, Bauen und Wohnen sowie Bergbau. Damit wollen wir Anregungen vermitteln, wie heute schon der Umstieg auf neue Produktionsverfahren gelingen kann.

Wir betrachten all diese wichtigen Technologiefelder, weil wir uns auf die von Horst Wolffgramm begründete »Allgemeine Techniklehre«[6] beziehen. Nach Wolffgramm lassen sich alle technologischen Vorgänge oder Verfahren danach erfassen, was im Zentrum des Bearbeitungsprozesses steht. Unterschieden werden stoffliche Arbeitsgegenstände, die Bearbeitung von energetischen Arbeitsgegenständen und von Informationen als Inhalt und Produkt technologischer Prozesse (zum Beispiel Data Center). Auch für die Art der Veränderung werden mit den Kategorien Wandlung (Änderung der chemischen Struktur von Stoffen und der Energieart), Formung (Änderung der äußeren Form von Stoffen und von Energieparametern) sowie Transport leicht handhabbare Unterscheidungskriterien verwendet. Das alles ist hilfreich, um darzustellen, wie die fünfte industrielle Revolution systematisch verwirklicht werden kann. Unser Zeitrahmen reicht dabei bis 2050. Wir freuen uns, wenn Sie uns auf dieser Zeitreise über die verschiedensten Technologiefelder hinweg begleiten!

Dieses Buch soll eine Wissenssammlung von Chancen sein. Sie soll Unternehmer:innen (ob in Gründung, in vierter Familiengeneration oder im Vorstand eines börsennotierten Industrieriesen) als Denkanstoß, ja vielleicht sogar Leitfaden dienen, wie sie ihre Unternehmen so transformieren können, dass sie auch noch auf Jahrzehnte hinaus Werte schaffen können. Sie soll Politiker:innen helfen, sich Argumentationsketten zu entziehen, die aus vermeintlichen »Sachzwängen« heraus zu schädlichen Entscheidungen für Gesellschaft und Wirtschaft führen. Vielleicht löst sich sogar der eine oder die andere auf diese Weise von den Scheuklappen seiner oder ihrer eigenen politischen Ideologie. Vor allem aber: Das Buch soll Menschen in unserer Gesellschaft Lust machen, sich mit Wirkweisen der Natur zu beschäftigen, sie zur Anwendung zu bringen und sich zu immunisieren gegen Vorurteile, egal ob sie aus dem Lager von Technologiegegnern oder naiven Technologiegläubigen kommen. Was das Buch nicht vermag, ist die Zukunft vorherzusagen. Doch sie mitzugestalten ist Anspruch seiner Autor:innen!

Zur besseren Lesbarkeit verwenden wir in diesem Buch – wo möglich – geschlechterneutrale Sprache; wo das nicht möglich ist, steht das generische Maskulinum. Die Personenbezeichnungen beziehen sich auf alle Geschlechter.

1. Zukunft Energieversorgung

Energie-Visionen

Lena ist Chief Climate Officer bei einem Stahlproduzenten. Sie war einst eine der treibenden Kräfte hinter der »Grüner Stahl«-Revolution. Mit einem eisernen Willen und einem unerschütterlichen Glauben an erneuerbare Energiequellen hatte sie die Transformation des Unternehmens vor 20 Jahren in Gang gesetzt. Sie hatte Partnerschaften mit Wasserstofflieferanten, Stromproduzenten und internationalen Verbündeten initiiert, um die grüne Energieversorgung zu sichern. Eine ihrer ersten längeren Dienstreisen führte sie damals nach Kolumbien, wo sie über die Lieferung von grünem Wasserstoff verhandelte. Heute ist der Großteil ihrer damaligen Vision Realität.

Auf dem Weg zum Klimakongress der deutschen Industrie gleitet ihr autonom fahrendes Elektro-Auto zwischen den Hallen durch die Produktionsstätte auf die Straße. Einst wurden hier fünf Windkraftwerke für Pilotprojekte installiert. Heute zeugen neben statischen Anlagen auch bunte Winddrachen mit Generatoren und zahlreiche Photovoltaik-Anlagen von ihrer kühnen Vision. Damals kaum vorstellbar, aber: Der Wirkungsgrad dieser sonnenbetriebenen Hochleistungsanlagen hat sich in der letzten Dekade fast verdoppelt! Sie lächelt. Rückblickend sieht es immer einfach aus. Zu Beginn der 2020er Jahre war das anders. Auf ihren Fahrten durch Bayern sah sie damals nur vereinzelt PV-Anlagen auf den Dächern von Einfamilienhäusern und Höfen. Heute sind photoelektrische Dachziegel und Brachflächen mit Photovoltaik-Anlagen in den meisten Regionen die Norm. In großen Städten, wie zum Beispiel ihrer Heimatstadt Berlin, prägen grüne Dächer das Stadtbild – aus Hitzeschutzgründen und zur besseren Isolierung haben sie das Rennen auf den Dächern gewonnen, auch wenn die Installation auf Bestandsgebäuden herausfordernd ist. Die Fassaden vieler Gebäude sind mit Solarmodulen bestückt – gefühlt jeder freie Zentimeter wird genutzt, um Energie zu erzeugen. Heute sind grüner Strom und grüner Wasserstoff die Eckpfeiler für alle.

Lena freut sich: In einer halben Stunde wird sie beim Kongress ankommen. Einige der dort vertretenen Unternehmen sind schon seit knapp 15 Jahren klimaneutral – nicht zuletzt dank dieser Treffen. Diese engagierte Gemeinschaft hat nicht nur Wissen ausgetauscht, sondern auch dazu beigetragen, die Idee der Sektorenkopplung zu verwirklichen und gemeinsame Initiativen zur Energieoptimierung anzugehen.

Ohne Energie geht nichts

Schon im Physikunterricht haben wir alle gelernt, dass Energie weder erzeugt werden kann noch im physikalischen Sinn verloren geht. Möglich ist lediglich die Umwandlung einer Energieart in die andere, wobei bei jeder Umwandlung Wärmeverluste entstehen. Vielleicht erinnern Sie sich noch an die Hauptsätze der Thermodynamik, die für jede Art von Energiebereitstellung und Energieanwendung gelten. Alle Prozesse des menschlichen Lebens verlaufen unter Einsatz von frei umwandelbarer Energie (Exergie), die während der Anwendung zu nicht mehr nutzbarer Energie (Anergie) umgewandelt wird. Fehlt die Energiezufuhr, wird es nicht nur ungemütlich, sondern alle Systeme – von Tieren über den Menschen bis hin zu jeder Art von Technik – zerfallen. Menschen sterben, Eisen rostet und Beton verwittert.

Diese universelle Bedeutung ständiger Zufuhr von umwandelbarer Energie ist es auch, welche die Energiewirtschaft heute und auch im Jahr 2050 prägt. Sie ist der Anker jeglicher Art industrieller Produktion. Unsere heutige Lebensweise wäre ohne sie nicht denkbar. Diese zentrale Rolle der Energiewirtschaft wird häufig so verstanden, dass die Dekarbonisierung und damit die fünfte industrielle Revolution in erster Linie eine Aufgabe der Energiewirtschaft sei. Besonders der Umbau der Stromversorgung wird dann als wichtigste Aufgabe für den Klimaschutz dargestellt. Das ist prinzipiell nicht falsch, reicht aber bei weitem nicht aus. Erneuerbare Energie anstelle von Kohle, Erdöl und Erdgas zur Stromerzeugung zu nutzen, ist ein erster wichtiger Schritt.

Drei miteinander verbundene Aufgaben verhelfen zum Umbau des Energiesystems:

- Grüner Strom ist der Schlüssel für die Energiewende. Bis 2050 wird sich der Anteil von grünem Strom am Gesamtenergieverbrauch vervielfachen.

- Hinzu kommen grüner Wasserstoff und seine Derivate, die überall da Energie liefern, wo Strom aus technologischen Gründen nicht optimal eingesetzt werden kann oder Wasserstoff einen zusätzlichen Nutzen bietet.
- Funktionieren kann die Umstellung allerdings nur, wenn der Energieverbrauch insgesamt drastisch verringert wird, wofür neben Maßnahmen für effiziente Energieanwendung vor allem die Verluste bei der Umwandlung von Primärenergie in Endenergie sinken müssen.

Anteile Energieträger an Energieerzeugung und Energieverbrauch

Primärenergie ist Energie in ihrer ursprünglichen Form, zum Beispiel Sonnenlicht. Weitere Primärenergieträger sind Uran oder Erdgas. Die Primärenergiebilanz Deutschlands stellt sich im Jahr 2020 wie folgt dar: Von den fast 12.000 Petajoul (entspricht etwa 410 Millionen Tonnen Steinkohleeinheiten beziehungsweise 3.333,3 Terrawattstunden), die Deutschland 2020 verbraucht hat, entfallen fast 76 Prozent auf kohlenstoffhaltige Energieträger. Konkret verteilt sich das auf 26,4 Prozent Erdgas, 34,3 Prozent Mineralöl, 7,5 Prozent Steinkohle und 8 Prozent Braunkohle. Hinzu kommen 16,5 Prozent erneuerbare Energien und 5,9 Prozent Kernenergie sowie geringere Mengen aus Wasserkraft und Bioenergie.[1] Rund 70 Prozent aller Primärenergieträger werden Stand Dezember 2022 importiert.[2]

Endenergie bezieht sich auf die Energieform, die von den Endverbrauchern genutzt wird, zum Beispiel in Form von Strom. Die Nutzenenergie ist das Ergebnis der Umwandlung von Endenergie in die gewünschte Form der Energie-Anwendung, zum Beispiel wird elektrische Endenergie für die Beleuchtung genutzt. Der Übergang von Primärenergie zu Nutzenenergie erfolgt in mehreren Schritten der Umwandlung, Übertragung und Nutzung und geht mit Verlusten einher.

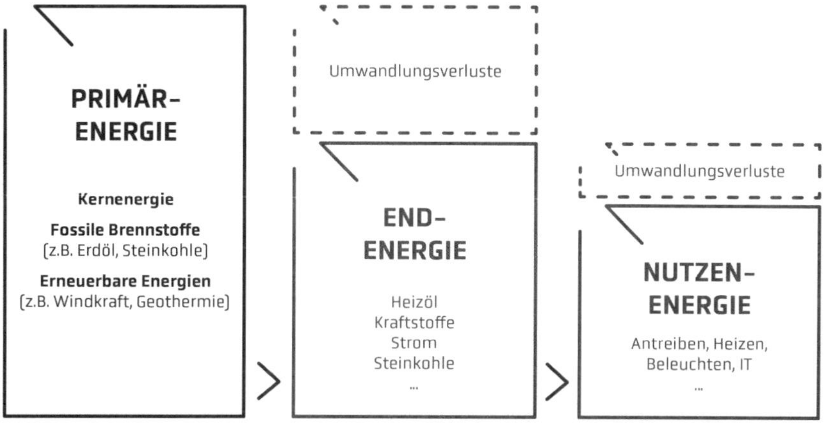

Abbildung 1: Was ist Primär-, End- und Nutzenenergie?

Da bei jeder Verbrennung fossiler Brennstoffe CO_2 freigesetzt wird, müssten ohne die Abtrennung und unterirdische Speicherung von CO_2 bis 2050 alle kohlenstoffhaltigen Energieträger so weit wie irgendwie möglich ersetzt werden. Das lässt sich nur annähernd erreichen, wenn die Endenergie, die bei den Verbrauchern ankommt, ebenfalls strukturell völlig umgebaut wird. Als Endenergieträger dienten im Jahr 2017 29 Prozent Kraftstoffe, 8 Prozent Heizöl, 26 Prozent Gas und 20 Prozent Strom. Weitere Endenergieträger sind Fernwärme und sonstige Brennstoffe.[3]

Die Erreichung von Klimaneutralität bedeutet also nichts weniger, als die Verbrennung von Braunkohle, Steinkohle, Öl und Gas weitgehend einzustellen und auch auf aus Öl und Gas gewonnene Kraft- und Brennstoffe gänzlich zu verzichten. An die Stelle von fossilen Brennstoffen und Kernenergie treten regenerierbare Primärenergieträger wie Sonne und Wind, Erdwärme oder Wasserkraft – nicht nur für die Stromerzeugung, sondern auch für die Erzeugung von Wärme zu Heizzwecken oder den Antrieb von Fahrzeugen. Es muss also nicht nur die Stromerzeugung grün werden, sondern auch die bisher vorwiegend importierten Energieträger Steinkohle, Öl und Gas und die daraus erzeugten Produkte wie Benzin oder Diesel sollen ersetzt werden. Und das in einem Land, das aktuell 70 Prozent der Primärenergieträger importiert.

Mit der Umstellung auf regenerierbare Energie als Primärenergiequellen und Strom als Endenergie ist eine heute kaum vorstellbare Reduzierung des Verbrauchs an Primärenergie verbunden, die bis zu 50 Prozent des gesamten Primärenergiebedarfs erreichen kann. In erster Linie aufgrund der Verminderung von Verlusten bei der Energieumwandlung. Aus Kohle, Öl oder Gas Strom zu gewinnen bedeutet, etwa 60 Prozent der im Brennstoff enthaltenen chemischen Energie als Wärme zu verlieren. Bei der Verbrennung von Benzin oder Diesel in Otto- oder Dieselmotoren kann nur 40 Prozent und weniger der chemischen Energie des Brennstoffs als mechanische Energie für den Antrieb genutzt werden. Der Rest ist wieder Wärme. Ursache sind die thermodynamischen Grenzen des Wirkungsgrades von Verbrennungsprozessen, auf die wir noch eingehen.

Grünstrom als universelle Energieform

Im Jahr 2050 haben sich das System der Energieversorgung und die Energieanwendung vollkommen verändert. Kern des neuen Systems ist die radikale Umstellung auf Grünstrom als Endenergieform. Hinzu kommt grüner Wasserstoff, der aber letztlich auch aus grünem Strom gewonnen wird. Strom ist die Energieart, die sich mit den geringsten Anwendungsverlusten in alle anderen Energieformen umwandeln lässt. Wird Benzin oder Diesel für Antriebe verwendet, setzt der thermodynamische Wirkungsgrad Grenzen. Mehr als etwa 40 Prozent Wirkungsgrad sind kaum möglich. Das alles kann Strom besser. Aber Strom ist nicht nur universell einsetzbar und ohne jeden Anfall klimaschädlicher Gase umwandelbar. Er lässt sich auch zu 100 Prozent aus Umweltenergie gewinnen, die nicht nur umsonst ist, sondern auch bei der Umwandlung keine Umweltschäden erzeugt. Sonne und Wind sind Primärenergieträger, die praktisch unbegrenzt zur Verfügung stehen. Hinzu kommen die heute schon breit genutzte Wasserkraft und die oft noch als Exoten wahrgenommenen Umweltenergien Erdwärme und Gezeitenenergie.

Bis zum Jahr 2050 wird sich der Anteil von Strom als Endenergieträger in Deutschland von 20 auf 80 Prozent erhöhen. Das erfordert nicht nur eine massive Umstellung bei den Primärenergieträgern, sondern vor allem eine massive Ausdehnung der Stromproduktion. Diese wird sich von 2020 bis 2050 in etwa verdoppeln.[4]

Kern der fünften industriellen Revolution

Die Umstellungen der Stromerzeugung von kohlenstoffhaltigen Primärenergieträgern auf erneuerbare Energien, der drastische Ausbau der Stromerzeugung und die Nutzung von Strom als zentrale Endenergieform sind Kern der fünften industriellen Revolution.

> In gewisser Weise könnte man in Anlehnung an den Kern der zweiten industriellen Revolution - umfassende Elektrifizierung - von einer zweiten Elektrifizierungswelle sprechen.
>
> Diesmal ist sie viel umfassender, beruht auf erneuerbaren Energien und wird direkt mit der digitalen Transformation verschmolzen.

Wir werden zudem in den nächsten Jahrzehnten erleben, wie eine Technologie, die seit der ersten industriellen Revolution unser Leben prägt, schrittweise verschwindet. Wärmekraftmaschinen haben die letzten 200 Jahre fast genauso geprägt wie der Verbrauch von kohlenstoffhaltigen Energieträgern. Es begann mit den ersten Dampfmaschinen als Antriebe von Pumpen in Bergwerken, Spinn- und Webstühlen oder Dampflokomotiven. Dann kamen die Verbrennungsmotoren für Verkehrsträger aller Art vom PKW bis zum Flugzeug und schließlich Dampfturbinen in Kohle- und Atomkraftwerken oder Gasturbinen in Gasturbinenkraftwerken. Alle diese Systeme haben eines gemeinsam: Ihr Wirkungsgrad ist durch thermodynamische Gesetze begrenzt und liegt meist deutlich unter 50 Prozent.

Umwandlungswirkungsgrad als Auswahlkriterium

Der Wirkungsgrad bei der Umwandlung von Energieformen und ihrer Anwendung wird als Kriterium für die Auswahl von Technologien enorm an Bedeutung gewinnen. Solange grüne Energie knapp ist – und bis 2050 wird sie knapp bleiben –, wird bei jeder Planung die Frage im Zentrum stehen, wie viel der kostbaren Energie ungenutzt verloren geht. Insbesondere wird zukünftig berücksichtigt werden müssen, dass Umwandlungsstufen mit hohen Verlusten vermieden werden. Wie oben dargestellt, sind demnach Verbrennungskraftmaschinen nicht mehr akzeptabel. Aber auch die Herstellung von Energieträgern wie der noch zu behandelnde grüne Wasserstoff und seine Derivate ist mit Verlusten verbunden. Ihr Einsatz ist daher vor allem sinnvoll, wo grüner Strom technologisch nur schwer eingesetzt werden kann.

Photovoltaik, wohin man schaut

Im Jahr 2020 hatte die Photovoltaik einen Anteil von knapp 9 Prozent an der Stromerzeugung Deutschlands. Im Jahr 2010 waren es noch 1,8 Prozent.[5] Ihr Ausbau führt nicht nur zu einer Umgestaltung der Energieversorgung. Sie ändert auch gleichzeitig durch die großen überbauten Landschaftsflächen und Solarzellen auf Dächern und an Gebäudefassaden den Anblick unserer Städte und Dörfer. Um die 2050 benötigten Mengen an Elektroenergie zu erreichen, werden viele Tausend Quadratmeter an Photovoltaikanlagen verbaut, vor allem auf landwirtschaftlich nicht nutzbaren Brachflächen, Hausdächern und Hausfassaden. In Deutschland sind etwa 2.800 Quadratkilometer nutzbarer Dachfläche verfügbar, auf denen sich eine Leistung von 550 Gigawatt installieren lässt.[6] Das ist die Leistung von knapp 390 mittleren Atomkraftwerken, wie dem Kernkraftwerk Emsland. Dabei darf man aber nicht vergessen, dass eine PV-Anlage nur wenige Stunden am Tag Strom produzieren kann, ein Atomkraftwerk hingegen rund um die Uhr läuft. Bei einer Leistung von 550 Gigawatt und geschätzten 1.500 produktiven Stunden im Jahr könnten diese Dachflächen jedoch rein hypothetisch den heutigen jährlichen Nettostromverbrauch Deutschlands decken – Faktoren wie saisonale Unterschiede oder Spitzenlasten einmal außer Acht gelassen.

Die Bebauung der Dachflächen läuft schon heute auf hohen Touren. In Zukunft wird sich aber nicht nur das Tempo der Bebauung ändern, es kommen auch neue Systeme zum Einsatz. Mit den heute schon verfügbaren photoelektrischen Dachziegeln beispielsweise können Dächer gebaut werden, die sich nur wenig von den aktuellen Ziegeldächern unterscheiden und trotzdem Strom produzieren wie die bekannten Dachaufbauten. Allerdings gibt es auch Grenzen für die Solardächer. So werden gerade in Städten vermehrt Dachbegrünungen eingefordert, um die Folgen der immer heißeren Sommer für das Mikroklima etwas zu mildern.

Bis 2050 wird zudem schrittweise eine Ressource erschlossen, die noch viel interessanter ist. 2.200 Quadratkilometer Gebäudehüllen können theoretisch mit Photovoltaikanlagen bebaut werden, was die Installation einer elektrischen Leistung von etwa 450 Gigawatt ermöglicht.[7] 2050 ist es kein Problem mehr, die vorgehängten Fassaden so zu produzieren, dass sie sich nur noch wenig von konventionellen Bauten unterscheiden. Sie sind schon jetzt gerade einmal doppelt so teuer wie herkömmlich vorgehängte Fassaden. Mit der sogenannten bauwerkintegrierten Photovoltaik (BIPV) ändern sich auch die Tätigkeiten vieler Akteure in der Bauwirtschaft. Das beginnt bei Architekten und Planern, geht weiter zu den Dachdeckern, die Solarziegel nicht nur aufbauen, sondern auch verdrahten, und führt bis zu Arbeiten an der Bauwerksfassade. Außerdem können Autobahnen und Fernstraßen mit Solardächern überbaut werden.[8]

Bis 2050 ermöglicht die Verbindung von Landwirtschaft und Photovoltaik – die sogenannte Agrophotovoltaik – ohne Verlust landwirtschaftlicher Nutzflächen auch in Deutschland, Acker und Solarenergie optimal zu kombinieren. Dabei werden entweder Solarmodule horizontal mehrere Meter über der landwirtschaftlichen Fläche aufgebaut oder senkrecht installierte Module stehen in Reihen auf der Fläche. In beiden Fällen wachsen die Pflanzen im Schatten der Solarzellen, was vor allem in trockenen und heißen Regionen deutliche Ertragssteigerungen möglich macht.

Wirkungsgrad und seine Steigerung

Interessant für den Ausbau der Photovoltaik ist neben den Kosten auch der Wirkungsgrad der Solarzellen. Dieser liegt bei den besten monokristallinen Modulen zwischen 20 und 22 Prozent, während die billigeren polykristallinen Solarmodule etwa 15 bis 20 Prozent erreichen. Bis 2050 werden auf weniger günstigen Standorten verstärkt die besonders preiswerten sogenannten Dünnschichtmodule genutzt, die aber nur einen Wirkungsgrad zwischen 10 und 15 Prozent erreichen. Ihnen stehen Hochleistungsanlagen gegenüber, bei denen mehrere transparente Halbleiterschichten übereinanderliegen, die jeweils einen Anteil des Lichtspektrums in Strom verwandeln. Derartige Anlagen haben schon einen Wirkungsgrad von 40 Prozent, denkbar sind Wirkungsgrade bis 80 Prozent.[9]

Eine 2050 kaum noch thematisierte Frage ist, wie weit die Herstellung von Solarzellen Umweltschäden verursacht und wie viel Energie bei ihrer Herstellung verbraucht wird. In Deutschland dauert es 2020 ungefähr ein bis zwei Jahre, bis die zur Herstellung verbrauchte Energie von der Solarzelle produziert wird. Danach liefert die Anlage 20 bis 30 Jahre Strom. In Solarzellen stecken auch keine weltweit knappen oder besonders umweltschädlich gewonnenen Rohstoffe. Sie bestehen vorzugsweise aus Silizium, der aus Sand gewonnen wird, und Aluminium. Hinzu kommt etwas Silber.[10] Außerdem besteht die Aussicht, dass neue Materialien die teure Herstellung von Silizium überflüssig machen können. An der Spitze der Hoffnungsträger stehen dabei Solarzellen auf Perowskit-Basis. Perowskit-Solarzellen können einfach und günstig industriell gedruckt werden. Sie sind hocheffizient, dünn, leicht und flexibel.[11]

Photovoltaik und Stromspeicher

Weitverbreitet sind 2050 billige Stromspeicher als Bestandteile von Solaranlagen. Der Preisrückgang hat mehrere Ursachen. Innerhalb der letzten zehn Jahre sind die Preise für Lithium-Ionen-Batterien um etwa 90 Prozent zurückgegangen.[12] Dieser Prozess setzt sich fort, soweit die

Knappheit von Lithium nicht den Preisverfall begrenzt. Wie wir unten noch erläutern, kommen andere Funktionsprinzipien von Stromspeichern hinzu, die mit billigeren Materialien arbeiten. Nähere Ausführungen zur technologischen Entwicklung von Akkumulatoren (kurz: Akkus) finden sich weiter unten im Abschnitt »Speicher für Elektroenergie«.

Vor allem aber gibt es 2050 ein riesiges Angebot von Akkus, die für Elektroautos gebaut wurden, den Anforderungen des mobilen Betriebes aber nach einer gewissen Betriebsdauer nicht mehr genügen. Für stationäre Anlagen reichen die Betriebsdaten aber noch aus. Anstatt sie zu demontieren, werden sie sowohl für kleinere als auch für größere Solaranlagen genutzt. Für die Steuerung der Solaranlage findet in hohem Maße Künstliche Intelligenz (KI) Anwendung. Mit ihrer Hilfe werden Energieverluste vermieden und die Aufwendungen für die Netze minimiert. Bestandteile lokaler Einheiten sind in der Regel auch Elektroautos, die in Zeiten mit günstigem Energieanfall geladen werden, bei starkem Strombedarf zeitweise Strom in das Netz abgeben können. Durch die Speicher wird auch der Nachteil von Photovoltaikanlagen ausgeglichen, dass sich die nominelle Leistung und die im tatsächlichen Betrieb erreichte Leistung erheblich unterscheiden.[13] VW kündigte kürzlich an, dass sie mit ausgedienten E-Auto-Batterien in den Stromhandel einsteigen, bevor diese gänzlich wiederverwertet werden. Bei niedrigen Strompreisen sollen sie Strom aus dem Netz zwischenspeichern, bei knappem Angebot wird er wieder abgegeben.[14]

Windkraftanlagen als Symbole der Energiewende

Während sich Solaranlagen bis zum Jahr 2050 immer besser in die natürliche Landschaft integrieren lassen, sind Windkraftanlagen naturgemäß nicht zu übersehen. Windkraftanlagen an Land und auf dem Meer werden 2050 möglicherweise fast doppelt so viel Strom erzeugen wie Solaranlagen.[15] Dafür ist ein massiver Ausbau der Windkraftanlagen notwendig, der nicht nur mehr, sondern vor allem auch größere und leistungsstärkere Anlagen umfasst, sowohl Onshore- als auch Offshore-Anlagen. Dafür wird auch die Anzahl der Standorte massiv erhöht werden.

Bauformen von Windkraftanlagen

Hinsichtlich der Bauformen von Windkraftanlagen werden bis 2050 zu den bekannten Rotoren mit horizontalen Wellen, die in den Wind gedreht werden, verstärkt Anlagen mit vertikalen Wellen beziehungsweise Flügeln kommen. Sie sind deutlich leiser und benötigen keine Verstellmechanismen, um die Flügel in den Wind zu drehen. Ihr Wirkungsgrad ist zwar etwas geringer, sie lassen sich aber enger anordnen.[16] Auf diese Weise kann bei gleicher Fläche die Gesamtleistung gesteigert werden. Diese Anlagen sind vor allem für Offshore-Anlagen und bei geräuschsensitiven Standorten interessant.

Eine völlig andere Entwicklungsrichtung beschreiten die Erbauer von fliegenden Windkraftanlagen. Diese Anlagen sollen nur aufsteigen, wenn windiges Wetter ein längeres Verbleiben in einer Luftströmung ermöglicht. Für den Aufstieg nutzen sie Propeller wie ein Flugzeug, die nach Erreichen der Luftströmung wie die Flügel eines klassischen Windrades eingesetzt werden. Die Verbindung zur Erde wird durch ein Halteseil gesichert. Nach Schätzungen sollen solche Winddrachen etwa 10-mal weniger Material benötigen als klassische Windturbinen. Die Winddrachen sind zudem auf der Erde kaum zu hören. Auch die Kosten inklusive Bodenstationen sollen sich im Rahmen vergleichbarer terrestrischer Anlagen bewegen. Es ist zu vermuten, dass bis 2050 die Versuche zu solchen Anlagen massiv ausgebaut werden. Nicht zuletzt deshalb, weil sie baulich weniger auffällig sind.[17]

Das energetisch sinnvolle weitere Größenwachstum der Anlagen wird es bis 2050 vorzugsweise für Anlagen auf dem offenen Meer geben. Schließlich weht der Wind mit steigender Entfernung vom Erdboden stärker und gleichmäßiger. Ein Beispiel ist eine aktuell in Planung und Bau befindliche Anlage von Siemens. Sie hat 222 Meter lange Rotorblätter und erreicht 14 Megawatt Leistung. Zehn solcher Anlagen können eine Stadt mit 150.000 Einwohnern mit Strom versorgen.[18] Ein anderes Beispiel ist die 15-Megawatt-Anlage des Herstellers Vestas. Ihre durchschnittliche Drehzahl beträgt zehn Umdrehungen pro Minute. Mit einer Umdrehung erzeugt sie 25 Kilowattstunden. Zum Vergleich: Die Ladekapazität der größten aktuell auf dem Markt befindlichen Elektroautos wie zum Beispiel Tesla Modell X, Ausführung maximale Reichweite, beträgt 100 Kilowattstunden.[19]

Eine andere Entwicklung bei Offshore-Anlagen ist die Errichtung von Windturbinen auf im Meer schwimmenden Fundamenten. Sie werden mit riesigen Widerhaken im Meeresgrund verankert. Schwimmende Anlagen erweitern deutlich den Bereich, in dem Windkraftanlagen gebaut werden können.[20] Sie überstehen selbst Stürme mit 18 bis 19 Meter hohen Wellen.

Aktuell wird bei starkem Anfall von Windenergie an vielen Standorten ein Teil der Windturbinen einfach stillgelegt. In vielen Fällen ist der Strombedarf im Netz zu gering oder die Leitungen sind zu schwach, um den Strom abzutransportieren. Abhilfe schaffen 2050 smarte Netze, auf die wir später eingehen, und der massive Ausbau der Speicherung von Elektroenergie. Dabei wird zwischen Kurzzeitspeichern, die das Netz stabilisieren, Mittelfristspeichern, die Schwankungen im Tagesverlauf ausgleichen, und Langzeitspeichern unterschieden.[21]

Atomenergie – stehen wir vor einer Trendumkehr?

Die Internationale Atomagentur prognostiziert in ihrem High-Case-Szenario für 2050 die Verfügbarkeit von 715 Gigawatt Kernkraftleistung, was einer Verdoppelung der Atomkraft gleichkäme. Die EU-Kommission stuft Investitionen in Kernkraftanlagen unter bestimmten Bedingungen als nachhaltig ein. Dabei spielt sicher eine Rolle, dass die CO_2-Freisetzung bei Atomkraftwerken (AKW) niedrig liegt. Ohne Berücksichtigung der Entsorgung beträgt sie für Atomstrom nur 32 Gramm pro Kilowattstunde. Braunkohlekraftwerke produzieren 1.153, Erdgaskraftwerke 428 und selbst Solarzellen 101 Gramm pro Kilowattstunde. Nur Windparks liegen mit 24 Gramm pro Kilowattstunde niedriger.[22]

Die Werte beziehen sich immer auf den gesamten Lebenszyklus. Atomkraftwerke leisten aus dieser Sicht einen erheblichen Beitrag zur Bekämpfung des Klimawandels.

Befürworter der Atom- beziehungsweise Kernenergie betonen die hohe Anzahl weltweit geplanter neuer Atomkraftwerke, wobei viele AKW bald ihre Grenznutzungsdauer erreichen und abgeschaltet werden müssen. Zudem stehen die Planung und der Bau in keinem günstigen Verhältnis. So wurden in den USA Anträge für 28 Atomkraftwerke eingereicht. Etwa die Hälfte der Anträge haben die Antragsteller aus wirtschaftlichen Gründen zurückgezogen. 14 Atomkraftwerke wurden bis 2018 genehmigt, aber nur zwei derzeit tatsächlich gebaut.[23] Bei 95 aktiven AKW wird das für eine Bestandssicherung nicht ausreichen. In Frankreich, wo 56 Reaktoren 71 Prozent des Strombedarfs decken, ist ein Reaktor im Bau und in Russland kommen auf 38 aktive AKW zwei im Bau befindliche. Anders sieht es in China (47 Kernreaktoren) und Indien (22 Kernreaktoren) aus, wo das Verhältnis zwischen aktiven und in Bau befindlichen Reaktoren etwa 3 zu 1 beträgt.[24] Neben den Wirtschaftsgroßmächten haben auch viele kleinere Länder ihr Interesse an einem Einstieg in die Kernkraft gezeigt.

Die vierte Generation von AKW

Bei den Planungen zum Ausbau der Atomenergie spielen Reaktoren der vierten Generation eine zentrale Rolle. Sie sollen effizienter arbeiten, sicherer sein und nicht für die Herstellung von Kernwaffen missbraucht werden können. Mit ihnen, so die Befürworter, kann im Unterschied zu den fluktuierenden erneuerbaren Energien eine Grundversorgung an Elektroenergie (Grundlast) dauerhaft ohne CO_2-Emission gesichert werden.

Die Forschungsarbeiten zu Reaktoren der vierten Generation werden aktuell von 14 Industrieländern im »Generation IV International Forum« (GIF) koordiniert. Die Hoffnungen ruhen unter anderem auf Hochtemperaturreaktoren, die mit Helium gekühlt werden, schnellen Natriumreaktoren (Kühlung mit flüssigem Natrium), schnellen Bleireaktoren (Kühlung mit flüssigem Blei) und Flüssigsalzreaktoren.[25] In

Letzteren ist der Brennstoff nicht wie bei den anderen Typen in Brennstäbe verpackt, sondern in Salz gelöst. Hinzu kommen Laufwellenreaktoren und kleine modulare Reaktoren[26] sowie mit Thorium als Brennstoff bestückte Reaktoren.[27]

Die Gewinnung von Energie auf Thorium-Basis bietet viele Vorteile und kann die Lösung einer großen Menge von Problemen mit Atomkraft sein. Im Vergleich zu Uranbrennstäben, die nach maximal fünf bis sieben Jahren ersetzt werden müssen, sind Thorium-Brennstäbe bis zehn Jahre im Einsatz.[28] Damit verringert sich auch das Risiko einer möglichen Proliferation, das heißt die Weitergabe von strahlendem Material für den Bau von Atomwaffen. Da Thorium-Brennstäbe für ihre Kühlung nicht auf Wasser angewiesen sind, sondern auf flüssiges Blei oder flüssiges Salz, kann der Reaktor bei Atmosphärendruck betrieben werden und nicht wie in heute üblichen wassergekühlten Reaktoren bei Hochdruck.[29] Und ein weiterer unschätzbarer Vorteil ist die Tatsache, dass die Radioaktivität von Thoriumabfällen nur für 300 bis 500 Jahre gefährlich ist und nicht wie bei herkömmlichen Brennstäben für Tausende von Jahren.[30]

Bei der Verwirklichung der neuen Reaktortypen gibt es auffällige Gegensätze. Auf der einen Seite stehen weitgehend neue Konzepte, die aber bisher meist nur als Computersimulationen existieren. Zu ihnen kommen die kleinen modularen Reaktoren. Und schließlich gibt es Reaktorkonzepte, die bis in die 1990er Jahre mit Milliardenaufwand auch und gerade in Deutschland als großtechnische Anlagen gebaut und erprobt wurden, um sie dann mit Milliardenverlusten stillzulegen. Zu ihnen gehören unter anderem gasgekühlte Hochtemperaturreaktoren (Atomkraftwerk THTR-300 in Hamm) oder natriumgekühlte Reaktoren (Reaktor SNR-300 in Kalkar). Neue Atomkraftwerke zu entwickeln und zu bauen, bleibt ein aufwändiger, langwieriger und teurer Prozess. Und dennoch kann und wird diese Form der Energieerzeugung auch in Zukunft eine wichtige Rolle spielen. Sollten in den nächsten Jahren erste Thoriumreaktoren erfolgreich an den Start gehen, ist es vorstellbar, auch in Deutschland die Debatte zur Atomkraft neu zu eröffnen – auch wenn die Devise in Deutschland heute noch lautet: zu teuer, zu spät (Bauzeit) und zu gefährlich.

Fusionskraftwerke

Die Mehrzahl der Forscher geht davon aus, dass die kommerzielle Nutzung der Fusionsenergie kaum vor 2050 zu erreichen ist. Bis dahin müssen die Anlagen nicht nur deutlich mehr Energie liefern, als sie für die Zündung brauchen. Sie brauchen auch Konzepte für extrem strahlungs- und temperaturresistente Bauteile sowie Möglichkeiten der Energieauskopplung aus dem Reaktor. Erst dann werden sie stabil Energie liefern können. Welche Kosten das verursacht, steht auf einem anderen Blatt. Für den Kampf gegen den Klimawandel in den nächsten zwei Jahrzehnten werden sie vermutlich keinen ausreichenden Beitrag leisten können. Sie kommen schlicht zu spät.

Endlagerung des radioaktiven Mülls

Ein bis heute ebenfalls ungelöstes Problem der Kernenergie ist die Endlagerung des radioaktiven Mülls. Viele Tausende Tonnen hoch-, mittel- und schwachradioaktiven Materials warten weltweit in oberirdischen Behältern auf dem Gelände von AKW auf eine Endlagerung. Bisher gibt es weltweit kein funktionierendes Endlager für hochradioaktiven Müll, wobei Finnland kurz vor der Fertigstellung eines Endlagers steht. Damit die Menge des radioaktiven Abfalls zumindest nicht weiter ungebremst anwächst, werden im Zusammenhang mit Reaktoren der vierten Generation Konzepte diskutiert, gebrauchte Brennstäbe im Reaktor erneut mit schnellen Neutronen zu bestrahlen, um auf diese Weise die Zerfallsprozesse der radioaktiven Abfälle zu beschleunigen und damit die Halbwertszeiten zu verringern.[31]

Auf dem Weg in die komplett vernetzte Energiewirtschaft

Um das System des Energieverbrauchs und der Energieerzeugung im Gleichgewicht zu halten, müssen generell drei Komponenten miteinander gekoppelt werden: *Speicher, Lastmanagement und smarte Netze.* Greifen diese nahtlos ineinander und basieren auf erneuerbaren Energien, wird ein vernetztes System entstehen, in dem Spitzen der Energieerzeugung Speicher befüllen und diese Speicher Energie dann abgeben, wenn sie benötigt wird. Privathaushalte und Betriebe werden Energie konsumieren und erzeugen. Und eine smarte Netzinfrastruktur wird Strom, Wasserstoff, eMethan und andere erneuerbare Energieträger vom Ort der Erzeugung zum Ort des Verbrauchs transportieren können.

Speicher für Elektroenergie

Die erste Komponente ist ein massiver Ausbau der Speichermöglichkeiten von Elektroenergie. Neu ist das nicht: Pumpspeicherkraftwerke haben schon immer überflüssigen Strom aufgenommen und bei Bedarf wieder abgegeben. Radikal ändern werden sich Art und der Umfang der Speicherung. Gebraucht werden ganze Kaskaden von Batterien. Sie beginnen beim Speicher im Eigenheim, gehen über den Speicher auf dem Gelände eines Windparks und führen bis zu Großspeichern mit einer Leistung im Megawattbereich. Dabei kommt auch den Elektroautos eine wichtige Rolle zu. Sie können überflüssigen Strom speichern und bei Lastspitzen wieder abgeben, um für eine gleichmäßige Stromproduktion zu sorgen. Das ist schon mit heute verfügbarer Technologie mit bidirektional ladefähigen Batterien möglich.[32] Voraussetzung dafür ist die Verfügbarkeit von intelligenten Stromnetzen (Smart Grids) und motivierenden Preissystemen. Die Potenziale dafür sind enorm und umfassen die Leistung vieler Atomkraftwerke.[33]

Gebraucht werden schnelle Speicher, die in Sekundenbruchteilen Stromschwankungen ausgleichen und das Netz stabil halten, ebenso wie träge Speicher, die große Mengen an Energie aufnehmen und abnehmen. Der Ausbau der Speichertechnologien wird schon in diesem Jahrzehnt weltweit exponentiell zunehmen. Die Leistungen aller Batteriespeicher sollen von 17 Gigawatt zu Beginn des Jahrzehnts auf 358 Gigawatt im Jahr 2030 zulegen. Der Marktumfang beträgt in diesem Zeitraum 262 Milliarden US-Dollar. Dabei dominieren elektrochemische Speicher.[34] Wächst die Produktion exponentiell, sinken auch die Kosten pro gespeicherter Kilowattstunde.

Kostensenkend wirken dabei nicht nur verbesserte Elektroden und interne Steuerungen der Batterien. Es werden zunehmend neue Batteriekonzepte eingesetzt, die auf den teuren und knappen Rohstoff Lithium verzichten. Diese Batterien, die bis 2050 voraussichtlich in großer Anzahl verfügbar sind, verwenden auf Natrium, Stickstoff, Eisen und Kohlenstoff basierende Lösungen und damit Rohstoffe, die in großen Mengen vorhanden sind.[35] Andere Entwicklungen beruhen auf Lithium-Nickel-Mangan-Oxid oder auf Eisen-Phosphat.[36] Besonders große Fortschritte werden durch die Entwicklung von sogenannten Quanten-Akkus erwartet. Sie beruhen auf dem Prozess der Superabsorption, der Fähigkeit eines Moleküls, Licht zu absorbieren, und folgen damit völlig anderen Wirkprinzipien als alle elektrochemischen Akkus.[37]

Lastmanagement

So wichtig die Speichersysteme sind, können sie allein kaum die stark schwankende Elektroenergieerzeugung mit regenerierbaren Quellen ausgleichen. Das Umweltbundesamt hat Systeme aufgelistet, die aus heutiger Sicht für das Lastmanagement zum Ausgleich des schwankenden Angebotes regenerierbarer Energiequellen besonders geeignet sind. Genannt werden Wärmepumpen, Anlagen zur Klimatisierung und Elektroautos.

Aber auch im Bereich der industriellen Verbraucher von Strom gibt es Möglichkeiten der Laststeuerung. Das Umweltbundesamt nennt beispielhaft Elektrolyseanwendungen in der Chlor- und Metallindustrie, die Stahlerzeugung, die Zementindustrie oder Querschnittstechnologien wie Prozesswärme oder Drucklufterzeugung und geht davon aus, dass bis 2050 ein großer Teil – bis zu 50 Prozent – der potenziell verfügbaren Regelleistung aus der Industrie tatsächlich erschlossen ist.[38] Regelleistung der Industrie ist die Fähigkeit, Verbraucher bei zurückgehendem Stromangebot herunterzufahren, wodurch der Stromverbrauch sinkt und das Netz auch ohne zusätzliche Einspeisung von Strom stabil bleibt.

Smart Grid und Reservekraftwerke

Die Energieversorgung in der Einheit von Erzeugung und Verbrauch von Elektroenergie war schon seit ihrer Gründung ein komplexes System mit vielen Komponenten. Auf der Seite der Stromerzeugung lösen Energieproduzenten unterschiedlichster Größe wenige Großkraftwerke ab. Die Palette reicht vom Einfamilienhaus mit wenigen Kilowatt installierter Solarpaneele, welches Überschüsse ins Netz abgibt, bis zu riesigen Windparks auf offener See mit Leistungen von vielen Hundert Megawatt. Hinzu kommen mit grünem Wasserstoff befeuerte Reservekraftwerke, die nur in Zeiten arbeiten, in denen keine ausreichende Erzeugung von Strom aus Sonne und Wind möglich ist. Kraftwerke mit Gasturbinen werden bis 2050 in großem Maße ergänzt durch stationäre Kraftwerke mit Brennstoffzellen. Die technischen Grundlagen dafür existieren schon länger, allerdings geht der Ausbau solcher Kraftwerke bisher nur sehr langsam voran. Grund sind die relativ hohen Kosten, die bisher durch den deutlich besseren Wirkungsgrad von Brennstoffzellen gegenüber Gasturbinen nicht ausgeglichen werden. Allerdings kommen Analysen zu dem Ergebnis, dass bis 2050 der Preis für Kraftwerke mit Brennstoffzellen pro Megawattstunde konkurrenzfähig sein kann. Auch die Energiespeicher für Elektroenergie unterschiedlichster Größenordnung müssen in das System integriert werden.

Vor allem aber muss das Lastmanagement von Tausenden Verbrauchern im Netz gestaltet werden – nicht nur technisch, sondern auch ökonomisch. Denn in einer Marktwirtschaft lassen sich die Verbraucher am besten über funktionierende ökonomische Anreizsysteme dauerhaft davon überzeugen, mit schwankendem Energieverbrauch zu leben. Das alles sollen und werden bis 2050 die oben genannten intelligenten Netze, auch als Smart Grids bezeichnet, leisten. In solchen intelligenten Stromnetzen fließen neben der Energie große Mengen an Informationen über den aktuellen Stand der Stromproduktion Tausender Erzeuger, den Füllungsstand der Stromspeicher und den Verbrauch der unterschiedlichsten Verbraucher. Der Informationsaustausch im Smart Grid endet aber nicht mit den aktuellen Daten. Ständig werden auch Prognosedaten eingespeist, die sowohl die zukünftige Stromproduktion als auch den Bedarf und die aktuelle Regelleistung betreffen. So sagen lokale Wettervorhersagen mit hoher räumlicher Auflösung vorher, welche Leistung eine Anlage in den nächsten Stunden, Tagen oder Wochen erbringen kann.[39] Prognosen des Verbrauchs von Haushalten und Wirtschaftsunternehmen sollen es ermöglichen, möglichst genau zu wissen, wann welche Strommenge wo benötigt wird.

Wirken die Komponenten erneuerbare Energien, Speicher für Elektroenergie, Lastmanagement der Verbraucher und intelligente Netze ergänzt durch Reservekraftwerke (zum Beispiel Gas- beziehungsweise Wasserstoffkraftwerke und aktuell Kohlekraftwerke in Sicherungsbereitschaft für die nächsten Jahre[40]) unterschiedlicher Art zusammen, wird es im Jahr 2050 möglich sein, auch bei fast vollständiger Umstellung auf die fluktuierenden erneuerbaren Energiequellen die Versorgungssicherheit auf einem hohen Niveau zu halten.

Ein spezielles Thema, welches im Hinblick auf eine Verschärfung von Wirtschaftskriegen einen erheblichen Schub bekommen hat, sind Cyberattacken auf das Stromnetz. Besonders groß ist die Angst vor einem durch Cyberattacken initiierten Blackout. Seit Jahren gibt es einen ständigen Wettlauf zwischen neuen Angriffsmöglichkeiten und Abwehrmöglichkeiten[41], in dem russische Cyberkommandos eine wichtige Rolle spielen. Die Gegenstrategien reichen bis hin zum Einsatz von KI, um Cyberangriffe rechtzeitig zu erkennen und Gegenmaßnahmen einzuleiten.[42]

Bioenergie – der große Irrtum wird bereinigt

Und was ist mit der Bioenergie im Jahr 2050, die vor mehr als 20 Jahren mit großen Hoffnungen gestartet wurde? Sie sollte als Beimischung zu Treibstoffen (Bioethanol, Biodiesel) und als Biogas die Energieerzeugung in Deutschland revolutionieren und ganz nebenbei den Landwirten ein zusätzliches Einkommen bescheren. 2020 wurden in Deutschland auf 2,73 Millionen Hektar Mais angebaut. 36 Prozent davon dienten dem Anbau von Energiemais für die Energieproduktion.[43] Bioethanol wird in Deutschland aus Zuckerrüben und Futtergetreide produziert. 2017 erfolgte ihr Anbau auf 320.000 Hektar.[44] Zum Vergleich: Die gesamte Anbaufläche in Deutschland beträgt 11,8 Millionen Hektar.

Von der Euphorie der Anfangsjahre ist dennoch nicht viel geblieben. Auch wenn immer wieder betont wird, dass die Energiepflanzen nicht in Konkurrenz zur Nahrungsmittelproduktion ständen, verliert dieses Argument zunehmend an Glaubwürdigkeit. Denn schließlich könnten auf den gleichen Flächen auch Nahrungsmittel angebaut werden. Der mit dem Klimawandel, der Corona-Pandemie und dem Ukraine-Krieg sich wieder verschärfende weltweite Hunger[45] setzt hier klare Prioritäten. Hinzu kommt der unsichere Umfang der weltweiten Nahrungsmittelproduktion als Folge des Klimawandels. Alles das wird bis 2050 zu einer zunehmenden Abkehr vom Anbau von Energiepflanzen führen. Die Umstellung auf Elektromobilität verringert die Nachfrage nach biologischen Zusätzen für Kraftstoffe. Biogas ist zwar prinzipiell als Rohstoff für die Herstellung von Wasserstoff gut geeignet. Dafür müssen aber keine Energiepflanzen angebaut werden.

Biogasanlagen werden aber nicht gänzlich verschwinden. Sie können zum Lastmanagement bei schwankendem Angebot an Sonne und Wind beitragen. Die Biogasanlagen des Jahres 2050 werden vorzugsweise mit Gülle und Mist oder mit pflanzlichen Abfällen betrieben. Diese Stoffe werden zum Teil ergänzt durch alternative Energiepflanzen, wie zum Beispiel Blühmischungen und Wildpflanzen. Mit ihnen kann Zusatznutzen durch die Schaffung von Lebensräumen für Insekten und Vögel sowie die Verhinderung von Bodenerosion durch ganzjährige Abdeckung erreicht werden.[46]

Ähnlich kritisch wie der Anbau von Energiepflanzen wird im Jahr 2050 auch die Verwendung von Holz für die Energieproduktion gesehen. Zwar wird immer wieder argumentiert, dass die im Holz während des Wachstums gespeicherten CO_2-Mengen lediglich wieder freigesetzt werden, womit eine CO_2-Neutralität der energetischen Verwendung von Holz begründet wird. Diese Rechnung geht aber nur bei Betrachtung längerer Zeiträume von bis zu 100 Jahren auf. In der aktuellen Phase des Klimawandels wirkt die Verbrennung von Holz nicht anders als die Verbrennung von Kohle. Gespeichertes CO_2 wird frei und heizt den Klimawandel an. Bis die freigesetzte CO_2-Menge durch neue Pflanzengenerationen wieder gespeichert wird, dauert es Jahrzehnte. Zusätzlich entsteht eine Menge Feinstaub. Logische Schlussfolgerung ist, Holz nach der Ernte so lange wie möglich zu bewahren. Holz und Holzabfälle als Baustoffe können über Jahrzehnte CO_2 speichern.

Die Wasserstoffrevolution als zweiter zentraler Aspekt der Energiewende

Wasserstoff wird in der Industrie schon lange eingesetzt. Neben dem »profanen« Einsatz von Wasserstoff, um Stickstoffdünger zu gewinnen, synthetische Kraftstoffe zu erzeugen oder Erdöl in Raffinerien zu cracken, wird zum Beispiel seit den 1960er Jahren Wasserstoff als Treibstoff in der Raumfahrt verwendet, die ohne ihn gar nicht möglich wäre.

Je nach Quelle wird Deutschland in der Lage sein, zwischen 10 und 30 Prozent des Wasserstoffbedarfs aus eigener Produktion herstellen zu können. Egal, welche Zahl wir ansetzen, wird der Import von Wasserstoff ein wesentliches Element der Energiewende auch bis 2050 bleiben. Für Wasserstoff spricht die Herstellung aus grünem Strom und die Möglichkeit, ihn in großen Mengen zu speichern und über lange Strecken mit Schiffen oder Rohrleitungen zu transportieren. Das ist besonders bedeutsam, denn zukünftige Energieimporte sollen und dürfen nicht mehr in Form von Gas, Öl oder Kohle erfolgen. Außerdem kann Wasserstoff bestens für Hochtemperaturprozesse anstelle von fossilen Energieträgern eingesetzt werden. Dabei entsteht bei der Verbrennung von Wasserstoff nur Wasser – und kein umweltschädliches CO_2. Aktuell erreicht die Herstellung von Wasserstoff aus grünem Strom einen Wirkungsgrad der Elektrolyseverfahren zwischen 70 und 83 Prozent. Bis 2030 werden zwischen 84 und 89 Prozent, bis 2050 bis zu 90 Prozent erwartet.[47]

Verwendung Wasserstoff

Im Rahmen der fünften industriellen Revolution zeichnen sich für Wasserstoff verschiedene Einsatzmöglichkeiten ab. Er soll überall da eingesetzt werden, wo Hochtemperaturprozesse und bestimmte chemische Prozesse bisher nur über den Einsatz kohlenstoffhaltiger Energieträger wie Erdgas, Erdöl oder Kohle umsetzbar sind, wobei mit den klassischen Technologien enorme Mengen an CO_2 freigesetzt werden. Wasserstoff gilt aber vor allem als potenter Energiespeicher für den Transportsektor. Er ist geeignet für den Antrieb von Fahrzeugen aller Art, da er relativ gut speicherbar und transportierbar ist. Die Palette reicht von Lokomotiven über Schiffe bis hin zu Flugzeugen, LKW und PKW. In der Verkehrstechnik ist Wasserstoff in vielen Fällen direkter Konkurrent von gespeicherter Elektroenergie und es gibt regelrechte »Glaubenskriege«, ob die Mobilität der Zukunft eher durch Wasserstoffantriebe oder Akkumulatoren und Elektromotoren garantiert werden kann. Wird allerdings der Wirkungsgrad als Entscheidungskriterium gewählt, fällt die Entscheidung klar zugunsten der Direktverwendung von grünem Strom als Antriebsquelle.

Das dritte Einsatzfeld von Wasserstoff resultiert ebenfalls aus seiner Fähigkeit als Energiespeicher, der ohne CO_2-Freisetzung in andere Energieformen umgewandelt werden kann. Das betrifft sowohl reinen Wasserstoff als auch verschiedene aus Wasserstoff hergestellte Derivate wie eMethan, Ammoniak oder eMethanol.

Arten von Wasserstoff nach der Herstellung

Das jeweilige Wasserstoff-Herstellungsverfahren ist mit entscheidend, um die Sinnhaftigkeit des Wasserstoffeinsatzes bewerten zu können. Die Arten des farblosen Gases werden dabei je nach Herstellungsform mit unterschiedlichen Farben gekennzeichnet. Es gibt grauen, violetten, blauen und grünen Wasserstoff. Nicht geeignet für die Energiewende ist der graue Wasserstoff. Er entsteht durch Dampfreformierung fossiler Brennstoffe wie Erdgas oder Kohle. Die Kohlenwasserstoffe werden unter Druck und hohen Temperaturen zu Methan, Kohlenmonoxid und Kohlendioxid umgewandelt. Daraus wird mit katalytischen Verfahren Wasserstoff gewonnen. Gewissermaßen nebenbei entstehen große Mengen CO_2, die in die Atmosphäre abgegeben werden.

Eine zentrale Rolle in der fünften industriellen Revolution spielt der grüne Wasserstoff. Wenn von »grünem Wasserstoff« gesprochen wird, ist eigentlich nur gemeint, dass dieser Wasserstoff CO_2-frei in der Regel durch den Einsatz erneuerbarer Energien gewonnen wurde. Im Inland ist das im besten Fall nicht direkt als Strom verwertbare Energie zum Beispiel aus der Stromerzeugung durch Wind- oder Sonnenkraft. Im globalen Süden erfolgt die Produktion von grünem Wasserstoff durch Erschließung ansonsten ungenutzter Energieressourcen. Durch unterschiedliche Elektrolyseverfahren wird dabei Wasser in Wasserstoff und Sauerstoff aufgespalten. Das Ganze ist aufwändig und kostenintensiv.[48]

Neuere Verfahren, die allerdings noch in der Erprobung sind, setzen aus Kosten- und Effizienzgründen zum Beispiel auf die Vergärung von Biomasse und die Gewinnung von Wasserstoff aus Grünalgen. Auch die direkte Umwandlung von Sonnenlicht in Wasserstoff wird intensiv erforscht. Diesen Technologien werden enorme Entwicklungspotenziale zugesprochen. So wurde ein Katalysator auf Basis des Elements Rhodium entwickelt, der Licht zu Wasserstoff machen kann.[49] Dennoch wird die Herstellung von grünem Wasserstoff mittels Elektrolyse vermutlich auch im Jahr 2050 dominieren.

Die Anzahl der Projekte zur Produktion von grünem Wasserstoff nimmt stetig zu. In Deutschland planen zum Beispiel RWE und Neptune Energy eine Wasserstoff-Fabrik in der Nordsee.[50] Ein Beispiel von vielen für weltweite Aktivitäten ist eine in Saudi-Arabien geplante Elektrolyseanlage mit einer Leistung von mehr als 2 Gigawatt.[51] E.ON will bis 2030 fünf Millionen Tonnen grünen Wasserstoff aus Australien importieren.[52] Diese Beispiele zeigen, dass die Produktion von grünem Wasserstoff in Ländern des globalen Südens zunehmend erfolgen wird, der dann entweder in Reinform (technisch problematisch) oder als Derivat exportiert wird. Zum Beispiel besitzen die sogenannten MENA-Länder (Middle East and Northern Africa) riesige Potenziale an Sonne und Wind und große ungenutzte Flächen. Allerdings fehlt dort für die Herstellung grünen Wasserstoffs ausreichend Süßwasser. Dieses ließe sich aber kostengünstig durch mit Solarenergie betriebene Meerwasserentsalzung gewinnen. Interessant sind auch neue Forschungen zur Gewinnung von Wasser aus der Umgebungsluft. Der darüber gewonnene Wasserstoff kostet vermutlich weniger als die Hälfte gegenüber in Europa produziertem. Inzwischen existieren außerdem erste Projekte für Brennstoffzellen, die aus Salzwasser Strom und Trinkwasser gleichzeitig erzeugen, dadurch die Kosten senken und die Wasserversorgung in den betreffenden Regionen verbessern.[53]

Natürlich kostet auch der Transport Geld. Aktuelle Studien verweisen darauf, dass die Erdgasleitungen in Deutschland mehrheitlich auch für den Transport von Wasserstoff geeignet sind. Außerdem könnte Wasserstoff nach Umwandlung in gut transportfähige Wasserstoffderivate (zum Beispiel eMethan) in Rohrleitungen transportiert werden. Bereits vorhandene Erdgasleitungen können dafür umgenutzt werden. Oder er wird in Ammoniak oder eMethanol umgewandelt, welches mit Tankschiffen transportiert werden kann. Prinzipiell ist es auch möglich, den Wasserstoff bei minus 250 Grad Celsius zu verflüssigen und dann zu transportieren. Immerhin gibt es bereits das erste Schiff, welches flüssigen Wasserstoff mit einer Temperatur von minus 253 Grad Celsius transportieren kann. Es soll Wasserstoff von Australien nach Japan bringen.[54] Die Idee dahinter ist, künftig anstelle von Flüssiggas, das bei einer Temperatur von minus 161 Grad Celsius heute in großen Mengen transportiert wird, ein weltweites Transportsystem für flüssigen Wasserstoff mit Schiffen, Hafenanlagen und Rohrleitungen für den Weitertransport aufzubauen.[55] So soll zum Beispiel der Hamburger Hafen zum Wasserstoff-Hub ausgebaut werden.[56]

Zu grünem Wasserstoff kommt blauer Wasserstoff, der aus Erdgas hergestellt wird. Erdgas wird dabei das CO_2 entzogen, welches anschließend unter der Erde gespeichert wird. Blauer Wasserstoff ist umstritten, weil bei der Förderung und dem Transport von Erdgas große Mengen an klimaschädlichen Emissionen, insbesondere Methan, frei werden, bevor das Gas überhaupt beim Verbraucher ankommt. Dennoch planen gegenwärtig viele Länder den Aufbau von umfangreichen Kapazitäten zur Herstellung blauen Wasserstoffs, zum Beispiel die USA, Japan oder Kanada[57]. Wahrscheinlich wird in den Jahren bis 2050 der für das Klima nicht unproblematische blaue Wasserstoff neben dem klimafreundlichen grünen Wasserstoff verwendet. Denn der klimafreundliche grüne Wasserstoff kann zunächst nicht in ausreichenden Mengen hergestellt werden. Dem Aufbau einer komplexen Wasserstoffwirtschaft tut das allerdings keinen Abbruch.

Alternativen für blauen Wasserstoff könnten türkiser oder weißer Wasserstoff sein. Türkiser Wasserstoff wird durch thermische Spaltung von Methan in einem Hochtemperaturreaktor hergestellt und erzeugt neben Wasserstoff gut lagerfähigen festen Kohlenstoff. Weißer Wasserstoff gilt im Vergleich mit anderen Wasserstoffarten als besonders umweltverträglich. Dieser Wasserstoff braucht keine komplexen und energieintensiven Verfahren bei der Herstellung, sondern wird aus der Erde extrahiert.

Wirkungsgrade der Wasserstoffherstellung und ihre Folgen

Zusammenfassend lässt sich für das Jahr 2050 folgende Rechnung aufmachen. Wird Wasserstoff produziert, indem vom ohnehin knappen Angebot an grünem Strom ein Teil abgezweigt wird, ist sein Einsatz nur für Spezialzwecke sinnvoll und vertretbar. Steht Wasserstoff in großen Mengen zur Verfügung, weil er zum Ausgleich der Primärenergiebilanz importiert werden muss oder weil Windstrom nicht ins Netz passt, sollte man nicht mehr nur den Wirkungsgrad betrachten. Wasserstoff wird dann zum universellen Energieträger, der in Reinform oder in Form seiner Derivate im Transportsektor, für Heizzwecke, in der Prozessindustrie und natürlich auch in Gaskraftwerken zur Erzeugung von Spitzenlast zum Einsatz kommt. In diesem Fall wird es nötig sein, in Deutschland für den Transport großer Mengen Wasserstoff beziehungsweise seiner Derivate ein ausgeklügeltes System von Rohrleitungen und Speichern aufzubauen beziehungsweise die vorhandenen Erdgasleitungen und Speicher neu auszurichten.

Für das Verhältnis zwischen Wasserstoffwirtschaft und Stromwirtschaft im Jahr 2050 gilt dann: So viel direkter Einsatz von grünem Strom wie möglich und so viel Einsatz von grünem Wasserstoff und seinen Derivaten wie nötig. Da auch 2050 die Verfügbarkeit von grünem Strom noch limitiert bleiben wird, wird dieser Grundsatz durch große Mengen günstig zu importierenden grünen Wasserstoff teilweise verändert.

2. Zukunft Transporttechnologien

Klimaneutrale Mobilität für alle

Bei Familie Fernández tagt 2032 der Familienrat. In dem idyllischen Haus in der Schwäbischen Alb haben sich die drei Kinder und zwei Enkel eingefunden, um mit den Eltern zu beraten, ob diese weiter in dem wunderschönen Häuschen bleiben können. Anlass ist ein Herzinfarkt von Alberto Fernández. Er hat ihn gut überstanden, aber Auto wird er nicht mehr fahren können. So wie Amalia, seine Frau, die Probleme mit den Augen hat. Jetzt wird es schwierig mit der Versorgung, denn das Haus liegt abseits. Sohn Amadeo ist optimistisch: Elektrisch betriebene PKW mit der Fähigkeit zum autonomen Fahren sind kurz vor der endgültigen Zulassung und in der Stuttgarter Region seit ein paar Jahren testweise im Einsatz. Aber werden die Eltern damit klarkommen? Tochter Aurelia geht noch einen Schritt weiter. Sie erzählt von Robotertaxis, die es in ihrer Heimatstadt Madrid bereits gibt und dank Solarzellen auf der Oberfläche auch eine hohe Reichweite haben. Die Frage ist nur, wann diese auch deutschlandweit zugelassen werden – und ob sie dann die nicht gerade kurze Strecke zum Haus der Fernández' zu bezahlbaren Kosten zurücklegen. Mit Aurelias Wortmeldung ist noch ein weiteres Problem klar geworden. Kinder und Enkel wohnen alle ziemlich weit entfernt. Wie kommen sie umweltfreundlich und schnell zu den Eltern, sollte sich die Situation verschlechtern? Elektroautos, klimafreundliche europaweite Schnellzüge oder sogar elektrisch betriebene Kurzstreckenflugzeuge wären möglich. Vielleicht, schlägt Enkel Amadeo vor, sollten wir nicht nur die einzelnen Reiserouten und Verkehrsmittel planen, sondern auch die Kombination der wechselseitigen Anwesenheit der Kinder und Enkel. Am besten durch Nutzung einer Künstlichen Intelligenz.

Was beeinflusst die Entwicklung von Verkehrstechnologien?

Auf den Transportsektor entfallen zu Beginn der 2020er Jahre etwa 19,8 Prozent der in Deutschland freigesetzten Emissionen.[1] Damit ist dieser Sektor der drittgrößte Treibhausgasemittent nach der Energiewirtschaft und der Industrie.

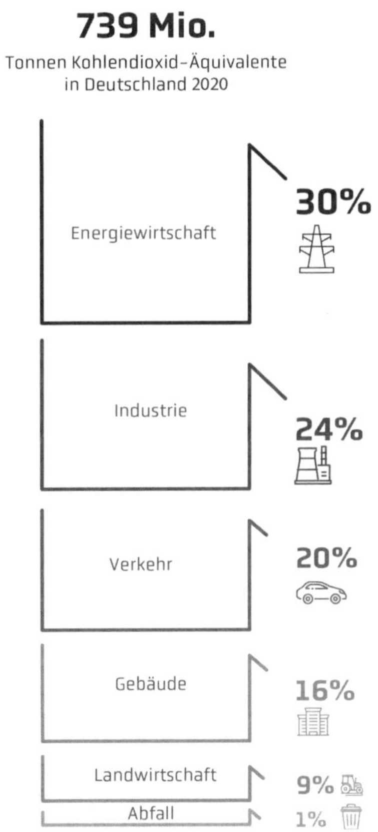

Abbildung 2: Kohlendioxid-Äquivalente in Tonnen.[2]

Im Bereich des Privatlebens wird Mobilität nicht selten gleichgesetzt mit Freiheit und Selbstbestimmung. Weltweit, in der EU und in Deutschland ist der Personenverkehr kontinuierlich gewachsen. 80 Prozent der gesamten Fahrleistung entfallen bis heute auf den PKW-Verkehr. Die höchsten Zuwachsraten im Sektor Personentransport erzielte bis zur Corona-Pandemie der Flugverkehr. Von 1991 bis 2019 stieg die Verkehrsleistung im Luftverkehr um etwa 218 Prozent an. Öffentlicher Straßenverkehr und Eisenbahn erreichten etwa 30 Prozent Wachstum und büßten sogar 0,5 Prozent Anteil am Gesamtverkehr ein.[3] Ähnlich ungünstig aus Umweltsicht entwickelte sich auch der Güterverkehr. Die inländische Güterverkehrsleistung stieg zwischen 1991 und 2019 um 75 Prozent, wobei sich der Straßenverkehr verdoppelte.

In den Städten dreht sich der Trend: Während das Auto früher als Symbol individueller Freiheit galt, erleben wir im urbanen Raum einen Wandel. Zunehmend bremst ein eigenes Auto die individuelle Mobilität im morgendlichen Stau und in der Parkplatzsuche – zukünftig kommt es bei vielen mit mehr Aufwand als Nutzen daher. Neue Mobilitätsformen werden nun als Zugewinn erlebt. Schon jetzt wachsen in größeren Städten ÖPNV mit Fuß- und Radverkehr und dem per Car- oder Ride-Sharing genutzten Auto zu einem Mobilitätsverbund zusammen, der die Bedeutung des Autos als Hauptverkehrsmittel deutlich reduziert.[4] Dieser Prozess wird bis 2050 massiv voranschreiten. Eine aktive Vernetzung, der Einsatz von Künstlicher Intelligenz und aktive Eingriffe in die Infrastruktur zugunsten des ÖPNV werden diese Entwicklung beschleunigen und den PKW-Verkehr im urbanen Raum zurückdrängen. Zudem werden gemeinschaftlich genutzte autonome Fahrzeuge mit Elektroantrieb verwendet, die ebenfalls mit der sonstigen Verkehrsinfrastruktur vernetzt sind. Auch auf dem Land werden die Bemühungen zur Vernetzung der Verkehrsträger zunehmen. Dort wird die Elektrifizierung der Antriebsstränge von PKW Hauptziel zur Minimierung der Emissionen. Die Zunahme von Homeoffice wird die Emissionen ebenfalls senken.

Eine Studie der Berliner Denkfabrik IZT kommt zu dem Ergebnis, dass 5,4 Millionen Tonnen CO_2 pro Jahr eingespart werden können, wenn 40 Prozent der Arbeitnehmenden dauerhaft an zwei Tagen pro Woche von zu Hause arbeiten.[5] Sowohl Homeoffice als auch virtuelle Geschäftskontakte werden bis 2050 durch die nächste Entwicklungsstufe des Internets, die heute vorzugsweise mit dem Begriff Metaverse erfasst wird, massiv zunehmen. Metaverse bietet bis dahin in Echtzeit agierende kollektive 3-D-Räume, in denen sich die Nutzer als Avatare frei bewegen können. Es ist gewissermaßen ein Virtual-Reality-Internet.

Emissionen und Energieverbrauch beim LKW-Transport liegen heute etwa 4-mal so hoch wie bei der Bahn. Da aber dennoch der Löwenanteil des Güterverkehrs trotz aller Bemühungen zum Ausbau des Bahntransportes auch 2050 noch beim LKW liegt, werden diese auf klimaneutrale Antriebe umgestellt, um Emissionen und Energieverbrauch beim Gütertransport nachhaltig zu reduzieren. Die Palette reicht dabei von Batterieeinsatz über die Verwendung von grünem Wasserstoff in Brennstoffzellen oder klassischen Motoren bis hin zum übergangsweisen Einsatz von alternativen Kraftstoffen, die mittels grünen Stroms hergestellt werden.

Im Individualverkehr dominiert das Elektroauto

Die potenziellen Alternativen zu mit Ölprodukten betriebenen Verbrenner-Motoren sind:

- reine Elektroautos mit Akku,
- mit grünem Wasserstoff betriebene PKW (Brennstoffzelle oder Verbrennungsmotor),
- Verbrennung von synthetischen Kraftstoffen, den sogenannten E-Fuels, in Verbrennungsmotoren.

Lange Zeit galt der PKW mit elektrisch betriebenem Antriebsstrang als Spielerei von Techniknerds. Zu teuer, zu geringe Reichweite, ungenügende Ladeinfrastruktur, unbefriedigende Umweltbilanz wurde argumentiert. 2050 ist davon nichts mehr zu hören. Elektroautos haben sich bis dahin durchgesetzt und im Individualverkehr nicht nur den Wettbewerb mit klassischen Verbrennern, sondern auch mit Wasserstoffautos gewonnen. Hauptgrund für diese Entwicklung ist der schon mehrfach erwähnte Wirkungsgradunterschied verschiedener Antriebskonzepte in Einheit mit den Emissionen im Fahrbetrieb. Die Verwendung von Benzin, Diesel oder Autogas wird 2050 in Deutschland wegen der klimaschädlichen Emissionen kaum noch möglich sein. Schädlich sind zudem die direkten Abgase und der von Verbrennungsmotoren erzeugte Lärm. Die aktuell von der WHO empfohlene weitere Verschärfung der Luftgrenzwerte wird die Situation der Verbrenner schon zeitnah erschweren.[6] Noch viel schneller kommen Einfahrverbote für Verbrenner in bestimmten Städten und Regionen. Europaweit werden diese mit Stand 2022 etwa 16 Millionen Autos betreffen.[7]

Argumente für das E-Auto mit Akku

Warum sich das E-Auto durchsetzt, zeigt ein Vergleich der Wirkungsgrade. Wird grüner Strom direkt zur Aufladung von Elektroautos benutzt, so fallen nur die Verluste beim Laden, im Akkumulator (Akku) und im Elektromotor an, die insgesamt kaum mehr als 20 bis 30 Prozent betragen. Wird dagegen aus dem Strom zunächst grüner Wasserstoff produziert, so kommen die Verluste in der Anlage zur Wasserstoffelektrolyse hinzu. Und auch die in Wasserstoffautos verwendeten Brennstoffzellen bringen weitere Verluste. In der Summe liegt der Wirkungsgrad des mit Wasserstoff betriebenen E-Autos nur zwischen 25 und 35 Prozent. Noch größer sind die Verluste, wenn der Wasserstoff in klassischen Verbrennungskraftmaschinen verbrannt wird, was technisch durchaus möglich ist. Denn Wärmekraftmaschinen wandeln mit einem Wirkungsgrad zwischen 30 und 45 Prozent noch deutlich weniger Energie des Wasserstoffs in Antriebsenergie um als die Kombination von Brennstoffzelle und Elektromotor. Am Ende der Bilanz liegen die synthetischen Kraftstoffe mit einem Gesamtwirkungsgrad je nach konkreter technischer Ausführung zwischen 10 und 20 Prozent. Wie oben bereits dargestellt, ist die fünfte industrielle Revolution nicht zuletzt auch eine Effizienzrevolution. Die direkte Elektrifizierung des Verkehrs in PKW wird also kaum ersetzt werden können durch Alternativen mit anderen Antriebsarten, die zwangsläufig einen um ein Mehrfaches schlechteren Gesamtwirkungsgrad haben. Daran werden auch Entwicklungsfortschritte in einzelnen Technologiefeldern nichts ändern können.

Mit zunehmenden Betriebserfahrungen werden auch viele Vorurteile gegen E-Autos widerlegt, etwa die Behauptung, E-Autos würden besonders häufig brennen. Der Versicherungsdienstleister AutoinsuranceEZ hat in den USA die offiziellen Daten der beiden US-Verkehrsbehörden ausgewertet und kommt zu dem überraschenden Ergebnis, dass von 100.000 PKW mit Verbrennungsmotor etwa 1.500 Feuer fangen. Bei Elektroautos sind es nur 25 von 100.000.[8]

Die Entwicklung von Fahrzeugen mit Wasserstoffantrieb geht aber trotz allem weiter. So hat zum Beispiel das Deutsche Zentrum für Luft- und Raumfahrt mit dem Interurban Vehicle (IUV) ein Modell für ein besonders sparsames Auto entwickelt, das als Brennstoffzellen-Hybrid eine Reichweite bis 1.000 Kilometer haben soll.[9]

Technologische Entwicklungen beim E-Auto

Mehrere technologische Entwicklungen werden die Verwendung von E-Autos besonders beeinflussen. Da ist zunächst die Entwicklung der Ladeinfrastruktur. So wird es bis 2050 völlig normal sein, dass Bewohner von Eigenheimen den mit Solaranlagen gewonnenen Strom für die Aufladung ihrer Elektroautos nutzen. Das vermindert insbesondere auf dem Land erheblich die Belastung der Stromnetze und ist zudem wesentlich effektiver als die Einspeisung des Stroms in öffentliche Netze. Sowohl im privaten Haushalt[10] als auch im Netzverbund ermöglicht Smart Grid gewissermaßen nebenbei, die Elektroautos als Stromspeicher in Schwachlastzeiten (Aufladung der Akkumulatoren) und Spitzenlastzeiten (Entladung der Akkumulatoren) zu nutzen. Voraussetzungen sind ein effektives Preismodell wie heute schon bei privaten Haushalten und Fahrzeuge mit der Fähigkeit zum bidirektionalen Laden, wie sie heute schon in Serienfahrzeugen existieren. Den Strom aus der eigenen Photovoltaik-Anlage ins Netz zu verkaufen, bringt viel geringere Erlöse, als ihn zu speichern und für den eigenen Haushalt zu verwenden. Auch Arbeitgeber und Vermieter von Wohnkomplexen mit eigenen Solaranlagen werden Ladestationen zur Verfügung stellen. Hinzu kommt ein Netz von Schnellladestationen an Autobahnen und Fernverkehrsstraßen mit durchgängigen Ladeleistungen von bis zu

300 Kilowatt[11] und Schnellladestationen an Tankstellen. Aral will zeitnah an 120 Tankstellen Schnellladestationen errichten.[12] Mit der Ausdehnung der Elektromobilität werden andere Tankstellen folgen oder irgendwann schließen. Denn schon bis 2035 könnte der Spritverbrauch in Deutschland gegenüber 2020 um mehr als die Hälfte sinken.[13] Viele der Schnellladestationen sind zur Bereitstellung der hohen Ladeleistung mit größeren Akkumulatoren zur Zwischenspeicherung von Netzstrom ausgerüstet, um parallel mehrere Fahrzeuge zu laden. Diese werden in die intelligenten Netze eingebunden und sichern so den Netzbetrieb. Alle Ladesysteme werden über einheitliche Steckersysteme und Bezahlfunktionen verfügen. Auch das berühmte »Laternenladen« mit geringeren Ladeleistungen ist bis 2050 weitverbreitet.[14] Eher die Ausnahme ist auch 2050 die Ladung von PKW mit sogenannten Induktionsmodulen, die in etwa 10 Zentimeter Tiefe in öffentliche Straßen eingebaut werden und prinzipiell eine »unendliche Reichweite« ermöglichen.[15]

Der Übergang zum autonomen Fahren wird die Elektromobilität weiter beschleunigen. Zwar ist diese Technologie für Fahrzeuge aller Art geeignet, aber die elektrifizierten Fahrzeuge eignen sich besonders gut. 2050 hat eine große Anzahl von Fahrzeugen die technischen Voraussetzungen und die rechtliche Freigabe für vollautonome Systeme nach Level 4 beziehungsweise Level 5. In Level 4 kann das Fahrzeug vollständig autonom fahren. Der Fahrer kann das System durch sein Eingreifen überstimmen. Level 5 ermöglicht den voll automatisierten, autonomen Betrieb des Fahrzeugs. Es ist für den Fahrer weder notwendig noch möglich einzugreifen.[16] Level 5 ist die Voraussetzung für vollständig autonome Fahrzeuge wie zum Beispiel Robotertaxis. Experten am Fraunhofer-Institut für System- und Innovationsforschung ISI prognostizieren, dass im Jahr 2050 die Hälfte und bis 2060 alle Kraftfahrzeuge selbstständig unterwegs sein könnten.[17] Für autonome Fahrzeuge mit Künstlicher Intelligenz wird sogar über eine eigene neue Rechtspersönlichkeit (elektronische Person) nachgedacht.[18] Sie bewegen sich nicht nur selbstständig, sondern laden sich auch selbstständig auf. Technisch ist das bei Elektrofahrzeugen kein Problem, wie man das heute schon bei Staubsauger- oder Rasenmäherrobotern beobachten kann. Unter hohem Druck stehenden Wasserstoff autonom nachzufüllen, ist allerdings schwer vorstellbar. Das gilt auch für autonom ohne Menschen im Straßenverkehr fahrende Systeme. Autonome Fahrzeuge werden in viel stärkerem Maße geteilt und parallel genutzt. Gerade in Ballungsräumen wird der private Besitz unattraktiv, wenn die Nutzer jederzeit per Smartphone ein Fahrzeug ordern können, welches direkt bis vor die Haustür fährt. Hier findet eine Verschmelzung von Car-Sharing und Robotertaxi statt. Diese Entwicklung wird nicht nur die Transportindustrie beeinflussen, sondern auch andere Geschäftsmodelle, zum Beispiel von Versicherungen, verändern.

Eine Effizienzrevolution kann und wird es auch bei den Fahrzeugen selbst geben. Diese bezieht sich, wie wir noch erläutern werden, auf den Akkumulator, aber auch auf die Bauform der Fahrzeuge. Denn die sogenannte »Reichweitenangst« der Nutzer von Elektrofahrzeugen ergibt sich nicht nur aus der im Akkumulator gespeicherten Energiemenge und der Verfügbarkeit einer ausreichenden Lade-Infrastruktur. Vielmehr verbraucht die absolute Mehrzahl der gegenwärtig auf dem Markt befindlichen Fahrzeuge einfach zu viel Energie. Der Durchschnittsverbrauch beträgt 15 Kilowattstunden pro 100 Kilometer. Viele aktuelle Fahrzeuge liegen jenseits der 25 Kilowattstunden.[19]

Das betrifft vor allem die elektrischen SUV. Bei ihnen kommt alles zusammen, was den Stromverbrauch hochtreibt. Bei allen Fahrzeugtypen, nicht nur bei SUV, treten Ladeverluste beim Nachladen bis 10 Prozent auf. SUV haben zusätzlich im Fahrbetrieb einen indiskutablen Luftwiderstand, der sich aus dem c_W-Wert (Widerstandskoeffizient) und der Stirnfläche ergibt.[20] Hohe Fahrzeuge mit großer Stirnfläche und hohem c_W-Wert sind für den Verbrauch von Elektrofahrzeugen Gift. Kommt dann noch ein hohes Gewicht dazu, steigt der Stromverbrauch und die Reichweite sinkt auf ein unbefriedigendes Maß. Gegenwärtig scheinen die Hersteller von Elektrofahrzeugen darauf zu setzen, dass die Kunden die großen und schweren Fahrzeuge schon aus Bequemlichkeitsgründen kaufen. Kleine leichte Fahrzeuge wie der VW e-up! sollten sogar zeitweise eingestellt werden. Langstreckenfahrzeuge in der oberen Mittelklasse beziehungsweise Oberklasse mit niedrigem Luftwiederstand einschließlich Kombis werden ab 2023 verstärkt auf den Markt kommen. 2050 werden solche Fahrzeuge schon aus Wettbewerbsgründen ausreichend zur Verfügung stehen. Das Forschungsfahrzeug von Mercedes EQXX zeigt, wohin die Entwicklung geht. Es soll mit einer 100-Kilowattstunden-Batterie eine Reichweite von 1.000 Kilometern erreichen. Das Fahrzeug wiegt nur 1.750 Kilogramm, hat rollwiderstandsoptimierte Reifen und einen extrem geringen Luftwiderstand.[21] 2050 werden viele Elektrofahrzeuge zudem mit Solarzellen bestückt sein, die zumindest einen Teil des Fahrstroms direkt von der Sonne beziehen. Was hier möglich ist, zeigt aktuell das als Familienfahrzeug konzipierte Fahrzeug Stella Vita. Es kann an einem Sonnentag bis zu 730 Kilometer ohne externe Aufladung zurücklegen und hat eine 3.000-Kilometer-Tour von den Niederlanden bis Südspanien ohne Nachladen erfolgreich bewältigt.[22]

Das Herzstück von Elektroautos ist der Akkumulator. Er bestimmt über Reichweite, Lebensdauer und Preis sowie über Gewicht und Ladegeschwindigkeit des Fahrzeugs. Aktuell sind Elektrofahrzeuge mit Lithium-Ionen-Akkumulatoren ausgestattet. Sie sind eine direkte Weiterentwicklung der schon vor Jahren in Handys oder Laptops verwendeten Batterien, die in großer Stückzahl in die Fahrzeuge eingebaut werden. Für die mit den Batterien erreichte Leistung sind nicht nur die Zellen selbst, sondern auch die Art des Zusammenwirkens sowie das Akku-Management verantwortlich. Bis 2050 werden Lebensdauer und Leistung deutlich steigen. Heute in Premiumfahrzeugen angewendete Techniken des »Vorkonditionierens« der Akkus vor dem Ladeprozess werden bis dahin zum allgemeinen Standard. Smarte Technologie sorgt dabei dafür, dass die Batterie vor dem Ladeprozess auf eine optimale Temperatur gebracht wird, was den Ladeprozess optimiert und die Batterie schont.[23]

Schon aus Umweltschutzgründen wird es lange vorher möglich sein, ganze Akkus ohne Probleme auszutauschen. Sie werden als stationäre Akkus in Energiespeichern für grünen Strom genutzt. Dennoch steht für die nächsten Jahre und Jahrzehnte die Weiterentwicklung der Speicherzellen selbst im Vordergrund. Sie sollen preiswerter werden, mehr Ladezyklen aushalten, weniger oder gar keine seltenen Materialien wie Lithium enthalten, weniger brandgefährdet sein und vor allem mehr Energie mit weniger Masse speichern. Einige Konzepte der Akku-Entwicklung wollen wir hier kurz vorstellen:

- **Lithium-Ionen-Akkus:** Die Lithium-Ionen-Batterie wird vermutlich auch in den nächsten Jahren dominieren.

- **Lithium-Metall-Akkus:** Die Energiedichte in neuartigen Lithium-Metall-Akkus fällt im Schnitt etwa doppelt so hoch aus wie in gängigen Lithium-Ionen-Akkus. Durch neue Elektrolyte bieten sie zudem mehr Sicherheit und erreichen durch neue Kathodenmaterialien eine längere Lebensdauer.[24]
- **Feststoffbatterien:** Eine andere Richtung wird bei der Entwicklung von Feststoffbatterien eingeschlagen. Hier wird die Ladung nicht mehr durch flüssige Elektrolyte transportiert. Dadurch werden die Zellen leichter und ihre Leistungsfähigkeit steigt um 50 Prozent. Ab 2030 könnte die Massenproduktion erfolgen, wofür aber neue Produktionsmaschinen und Fertigungsstraßen notwendig sind.[25]
- **Natrium-Akkus:** Mit dem billigen und unbegrenzt verfügbaren Natrium (Kochsalz) können Akkus produziert werden, die nur einen Bruchteil der bisherigen Systeme kosten. Natrium-Ionen-Akkumulatoren haben gegenwärtig noch eine geringere Speicherdichte. Dafür steigt aber ihre Lebensdauer und sie haben kurze Ladezeiten.[26]
- **Graphen-Aluminium-Super-Akkus:** Es gibt noch zahlreiche andere Werkstoffkombinationen für die Akkus der Zukunft, aber eine könnte alle anderen übertreffen. In Australien entwickelte Graphen-Aluminium-Super-Akkus sollen 60-mal schneller laden als gängige Lithium-Ionen-Akkus und 3-mal so viel Energie speichern wie die besten Zellen auf Aluminiumbasis. Die Akkus selbst werden mittels Nanotechnologie hergestellt. Gleichzeitig soll die Technologie günstiger, sicherer und einfach zu recyceln sein.[27] Ladezeiten von mehreren Minuten und Reichweiten über 1.000 Kilometer scheinen 2050 genauso realistisch wie preiswerte Akkumulatoren mit minimalen Umweltwirkungen bei der Herstellung.

Gütertransport mit LKW

Die LKW des Jahres 2050 sind überwiegend fahrende Computer und besitzen fast durchgängig die Berechtigung für autonomes Fahren auf Level 4, manche auch auf Level 5. Das bedeutet nicht automatisch den

Übergang zu fahrerlosen LKW, obwohl das angesichts des sich bis dahin massiv zuspitzenden Fahrermangels ein wichtiges Ziel ist. Wahrscheinlicher ist der fahrerlose Betrieb auf Langstrecken, insbesondere Autobahnen, ergänzt durch die zeitweilige Besetzung mit Fahrern für die letzten Kilometer zur oder von der Autobahn bis zu den Kunden. Fahrer bleiben damit weiterhin wichtig beim Be- und Entladen und mindern die Gefahr, die von schweren LKW im Straßenverkehr ausgeht. Noch eine zweite Funktion ist automatisiert: Die Fahrzeuge sind Teile eines gleichzeitig regionalen und weltweiten Logistiknetzwerkes, das Leerfahrten auf ein Minimum reduziert und die Streckenauswahl optimiert. Doch welche Technologie dominiert die Antriebsstränge der LKW im Jahr 2050? Klar ist, dass die LKW bis dahin klimaneutral unterwegs sein müssen. Die Lösungen dafür ähneln denen für PKW.

Gewissermaßen am Endpunkt der Entwicklung werden mit Akkumulatoren bestückte reine E-LKW stehen. Sie punkten wie bei den PKW mit hoher Effizienz bei der Energieverwendung durch die geringen Umwandlungsverluste. Ein aktuelles Beispiel sind die gemeinsam von den Firmen Iveco und Nikola entwickelten Elektrosattelschlepper Nikola Tre. Die Akkus der Fahrzeuge haben eine Kapazität von 735 Kilowattstunden und ermöglichen eine Reichweite von 560 Kilometern, die Aufladung von 10 auf 80 Prozent erfolgt in etwa 120 Minuten.[28] Aktuell arbeiten fast alle großen LKW-Hersteller an ähnlichen Fahrzeugen.

Wie schnell die Entwicklung gehen könnte, zeigt die Entwicklung von Elektrobussen mit Akkumulatoren. In China fuhren schon 2018 421.000 Elektrobusse, davon allein 16.000 in der Millionenstadt Shenzen. Bis 2025 soll ihr Bestand auf über 600.000 Fahrzeuge ansteigen.[29] Von weltweit etwa 30.000 batterieelektrischen LKW fahren die meisten ebenfalls in China.[30]

Neben dem E-LKW wird in den nächsten Jahrzehnten auch der mit Wasserstoff betriebene LKW eine wichtige Rolle spielen. Die Technologie ist heute schon fast ebenso weit wie die für E-LKW. So wollen Iveco und Nikola gemeinsam eine mit Brennstoffzelle ausgerüstete Variante ihrer LKW bauen. Begrenzungen beim Ausbau der Elektro-Ladeinfrastruktur könnten über Jahre hinweg eine zweigleisige Gestaltung der LKW-Flotten sinnvoll machen. Wenn ein großer Teil der PKW und 50 Prozent der LKW elektrisch fahren, wird der punktuelle Bedarf an Ladestrom an Autobahnen so groß, dass er schon von den Zuleitungen kaum noch abzudecken ist. Auch die Anzahl der Ladepunkte für E-LKW an Autobahnen und Logistik-Hubs muss drastisch ausgebaut werden. Sie wird allein in Deutschland für 2030 auf 50.000 geschätzt.[31] Hinzu kommt die Verfügbarkeit von grünem Wasserstoff aus Importen zum Ausgleich der Energiebilanz, wenn die Produktion von grünem Strom in Deutschland nicht ausreicht. Diesen zu verstromen und dann E-LKW zu laden, bedeutete einen erheblichen Effizienz- und damit Energieverlust.

Es müssen also heute schon wichtige Allianzen mit Wasserstoff-Lieferanten geschlossen werden. Grüner Wasserstoff oder seine Derivate sind wichtige Alternativen für die Übergangszeit, in der die Umrüstung der LKW erst schrittweise in Gang kommt. Denn auch Dieselmotoren können nach einer technischen Anpassung von Tank und Motor mit Wasserstoff betrieben werden. Noch einfacher ist ihre Umrüstung auf Biogas oder synthetische Treibstoffe und kann ohne großen Aufwand gewissermaßen am Fließband erfolgen.[32] Trotzdem wird es sie 2050 in Deutschland wohl nur noch in Ausnahmefällen geben. Ganz anders in Entwicklungsländern, wo die Infrastruktur für das Laden von E-LKW erst langsam wachsen muss. Hier wird der Dieselmotor für die Verbrennung von Wasserstoff und seinen Derivaten noch länger eingesetzt, um die Dekarbonisierung voranzutreiben.

Luftfahrt

Die Luftfahrt hat nach neueren Studien einen Anteil von 3,5 Prozent an der Klimaerwärmung. Etwa ein Drittel entfällt auf den CO_2-Ausstoß, zwei Drittel auf Effekte durch den Betrieb der Flugzeuge in Atmosphärenschichten in Höhen von 8 bis 12 Kilometern. Kondensstreifen und Kondensstreifen-Zirren (von Menschen verursachte Eiswolken) mit Folgen für die Wolkenbildung sind die wichtigsten negativen Wirkungen. Insbesondere deren Auswirkungen nehmen schneller zu als die Folgen des reinen CO_2-Ausstoßes und könnten sich bis 2050 verdreifachen.[33] Klimaneutralität des Flugverkehrs kann daher nicht allein durch Reduzierung des CO_2-Ausstoßes erreicht werden. Auch der Ausstoß von Rußpartikeln als Verursacher der Kondensstreifen muss drastisch zurückgehen.

Für die Umstellung des Flugverkehrs im Rahmen der fünften industriellen Revolution gibt es mehrere Trends. Schon seit langem erfolgt eine kontinuierliche Flottenmodernisierung. Neue Flugzeuge verbrauchen im Schnitt gegenüber dem Vorgängermodell 30 Prozent weniger Kraftstoff. Erreicht wird das durch leichtere Werkstoffe, effizientere Antriebe und die Verbesserung der Aerodynamik.

Etwas weiter reicht die Wirkung des aktuellen Einsatzes nachhaltiger Flugkraftstoffe (Sustainable Aviation Fuel, SAF), die dem Kerosin beigemischt werden. SAF werden nicht aus Erdöl, sondern aus biogenen Reststoffen wie zum Beispiel gebrauchten Speiseölen hergestellt. Mit ihnen ist eine Reduzierung der CO_2-Emissionen um 80 Prozent pro Energieeinheit möglich. Allerdings reicht die verfügbare Menge an SAF nicht aus, um die Klimawirkung des Flugverkehrs wirklich positiv zu beeinflussen. Sie könnten ergänzt werden durch andere Biotreibstoffe, die zudem geringere Emissionen von Ruß verursachen. Damit kann auch die Bildung von Kondensstreifen und Kondensstreifen-Zirren vermindert werden.

Wirklich deutliche Reduzierungen sind erst durch Einsatz strombasierter Kraftstoffe zu erwarten. Mittels Power-to-Liquid-Technologie (PtL) entsteht aus regenerativ erzeugtem Strom, Wasser und CO_2 ein synthetisches Rohöl, das zu Kerosin verarbeitet werden kann. Bis 2050 können dezentrale Anlagen an verschiedenen Stellen Deutschlands synthetisches Kerosin produzieren. Hinzu kommt der Import grünen Kerosins aus sonnenreichen Ländern.

Wie in anderen Bereichen des Transportsektors entstehen allerdings beim Einsatz synthetischer Kraftstoffe hohe Effizienzverluste, bei der Herstellung des Kraftstoffes mit grünem Strom und bei der Verbrennung des Kraftstoffs in Turbinen. Der Wirkungsgrad von Turbinen geht nicht über 40 Prozent hinaus.[34] Zudem kann auch bei optimierten synthetischen Kraftstoffen die oben genannte Bildung von Kondensstreifen nicht völlig verhindert werden. Das Wirkungsgrad-Problem tritt auch beim Einsatz von Wasserstoff für den Antrieb auf.

Klimatechnisch und energetisch optimale Flugzeuge werden daher ähnlich wie bei PKW und LKW nur durch den direkten Einsatz von grünem Strom für den Antrieb möglich. Bei Flugzeugen treiben Elektromotoren die Propeller an. Seitens der Luftfahrtindustrie wird hervorgehoben, dass E-Flugzeuge entweder gar nicht oder nur für kurze Strecken geeignet wären. Als Grund wird das hohe Gewicht der notwendigen Akkumulatoren genannt, die für längere Strecken ein überdimensionales Maß erreichen würden. Inzwischen ist die Entwicklung von Elektroflugzeugen allerdings wesentlich weiter. Die Deutsche Post DHL hat beim Start-up Eviation zwölf elektrische Frachtflugzeuge des Typs Alice bestellt, die bis 2024 geliefert werden sollen.[35] Diese Maschinen sollen neun Passagiere bis zu 1.000 Kilometer weit transportieren können. Die Ladezeit pro Flugstunde umfasst etwa 30 Minuten. Insbesondere die bis 2050 zu erwartenden Durchbrüche bei der Energiedichte von Akkumulatoren (siehe Unterkapitel: »Im Individualverkehr dominiert das Elektroauto«) lassen vermuten, dass bis dahin ein erwähnenswerter Teil des Kurzstreckenflugverkehrs mit elektrischen Flugzeugen möglich ist. Diese sind im Vergleich zu heutigen Flugzeugen extrem leise, energieeffizient und sowohl bezüglich CO_2-Bilanz als auch klimaschädlichen Kondensstreifen klimafreundlich. Ihr Nachteil ist die geringere Geschwindigkeit. Der Geschwindigkeitsrekord für ein propellergetriebenes Elektroflugzeug liegt bei 556 Kilometern pro Stunde.[36] Zum Vergleich: Das schnellste Propellerflugzeug der Welt mit Kolbenmotor erreicht 850 Kilometer pro Stunde.[37]

Eine ganz andere Entwicklungsrichtung bedeuten für Kurzstrecken konzipierte Flugtaxis. Ein Beispiel ist das Flugtaxi von Lilium, das wie ein Hubschrauber startet und wie ein Flugzeug fliegt. Mehr als 250 Kilometer weit und mit bis zu 280 Kilometer pro Stunde Reisegeschwindigkeit sollen sechs Passagiere, ein Pilot und sechs Flugkoffer befördert werden. Andere Konzepte gehen in Richtung autonomes Fliegen ohne Piloten. Ein Beispiel dafür ist das Flugtaxi von Wisk, das zwei Personen rund 40 Kilometer befördern kann.[38] Derartige mit grünem Strom betriebene Kurzstreckenmaschinen können nicht nur umweltneutral betrieben werden. Sie erschließen in Deutschland bis 2050 auch eine neue Dimension der Mobilität. Flugtaxis unterschiedlichster Bauart sollen extrem leise fliegen, ökologisch unbedenklich sein und durch niedrige Kosten und autonomen Betrieb unterschiedlichen Bevölkerungsgruppen zur Verfügung stehen.[39]

Schiffstransport

Die internationale Seeschifffahrt erzeugt aktuell etwa 2 bis 3 Prozent der weltweiten Treibhausgasemissionen.[40] 90 Prozent des Welthandels wird mit Schiffen abgewickelt. Für 97 Prozent des Seeverkehrs werden erdölbasierte Kraftstoffe genutzt. 3 Prozent entfallen auf Flüssiggas. Ähnlich wie beim grenzüberschreitenden Flugverkehr werden die Emissionen der Hochseeschifffahrt keinem Staat zugeordnet. Nicht zuletzt die fehlende Zuordnung führt zu einer extrem langsamen Verbesserung der Situation in der Branche. Kostenoptimierungen stehen hier im Vordergrund, Umweltschutzaspekte spielen demgegenüber eine untergeordnete Rolle. Da der Schiffstransport bis 2050 gegenüber 2015 auf das Dreifache ansteigen könnte[41], erhöht sich ohne Gegenmaßnahmen auch der CO_2-Ausstoß in ähnlichem Ausmaß.

Die für die Schifffahrt zuständige Weltschifffahrtsorganisation IMO, eine Sonderorganisation der UN, fordert, die Treibhausgasemissionen bis 2050 um 50 Prozent zu senken. Der globale Branchenverband WSC, dem die wichtigsten Containerreedereien der Welt angehören, schlägt vor, diese Forderung bereits bis 2030 umzusetzen. Voraussetzungen sind verbindliche Regeln für alle, um Wettbewerbsverzerrungen zu vermeiden.[42] Tatsächlich besteht nach einer Studie der ETH Zürich die Chance, bis 2050 den Ausstoß klimaschädlicher Gase durch die Schifffahrt deutlich zu reduzieren.[43]

Da Schiffe nach dem Bau 20 bis 40 Jahre in Betrieb sind, konzentrieren sich die Maßnahmen zur Umrüstung des Schiffsverkehrs in Richtung Klimaneutralität auf den Austausch der Treibstoffe. Die in anderen Bereichen des Transportwesens diskutierte Umstellung auf direkten Elektroantrieb kommt wegen der großen Entfernungen und dafür in Akkumulatoren zu speichernden riesigen Energiemengen auf absehbare Zeit nicht infrage. Die Akkus wären viel zu groß und zu schwer.

Elektroschiffe, die effizienteste Art klimaneutraler Antriebe, kommen daher auch im Jahr 2050 höchstens im Fährverkehr oder in der Binnenschifffahrt vor mit einer maximalen Entfernung von 200 Kilometern. Neue Batteriekonzepte mit geringerem Gewicht und höherer Ladungsdichte könnten diese etwas erweitern. Ein typisches Beispiel sind Elektrofähren, für die aktuell Norwegen eine Vorreiterrolle einnimmt. Norwegen will bis 2050 den gesamten Schiffsverkehr in den Fjorden mit Elektroantrieben bestreiten.[44]

Bleibt für die Hochseeschifffahrt der Einsatz mit grünem Strom produzierter synthetischer Treibstoffe. Infrage kommen grüner Wasserstoff, Ammoniak, synthetisches Methanol und synthetischer Diesel. Nach Ansicht der Schweizer Fachleute von der ETH Zürich haben Ammoniak und Methanol das größte Potenzial. Ammoniak ist kostengünstiger, weil bei der Herstellung kein CO_2 aus der Atmosphäre gewonnen werden muss. Allerdings ist es toxisch, hat einen geringeren Energiegehalt pro Volumeneinheit und die dafür benötigten Motoren sollen erst ab 2025 zur Verfügung stehen. Methanol ist aufwändiger zu produzieren, aber leichter auf den Schiffen zu handhaben. Aktuell fahren bereits 20 Schiffe mit Methanol.[45]

Bahntransport

Die Bahn ist bezogen auf den Betrieb schon heute das umweltfreundlichste Verkehrsmittel für den Personentransport. Im Fernverkehr werden aktuell im Durchschnitt weniger als ein Gramm Treibhausgase pro Person und Kilometer freigesetzt. Fernbusse emittieren 32 Gramm, PKW 139 und Flugzeuge 201 Gramm. Im Güterverkehr stehen 19 Gramm pro Tonne und Kilometer von Güterzügen 103 Gramm bei LKW-Transport gegenüber. Gleichzeitig könnte die Bahn eine schnelle und vollständige Umstellung auf 100 Prozent Grünstrom für den Betrieb bewerkstelligen.

Die Entwicklung der Bahn ist wie kein zweiter Verkehrsträger von politischen Entscheidungen und Schwerpunktsetzungen abhängig. Das liegt an den enormen infrastrukturellen Voraussetzungen für den Personen- und Gütertransport. Denn die Bahn kann nur da hinfahren, wo vorher aufwändig Schienen mit allen zugehörigen Betriebseinrichtungen gebaut wurden. Der Straßentransport ist da weitaus beweglicher und in letzter Konsequenz bequemer, einfacher zu realisieren und oftmals wegen des Tür-zu-Tür-Verkehrs auch preisgünstiger. Das gilt zumindest so lange, wie die ökologischen Folgen der Transportarten nicht berücksichtigt werden.

2050 spielen diese Kosten eine deutlich höhere Rolle als heute. Das macht die Bahn gegenüber anderen Verkehrsträgern preisgünstiger. Auch bei Bequemlichkeit und Schnelligkeit kann sie zumindest im Langstreckenverkehr punkten. Sie verliert aber – und das mag überraschen – ihren Vorteil beim Ausstoß klimaschädlicher Gase, wenn die anderen Verkehrsträger auf grünen Strom oder Wasserstoff beziehungsweise dessen Derivate umgestellt werden. Was bleibt und sogar massiv zunimmt, ist der Vorteil bei der Energieeffizienz, welche das System Rad–Schiene schon seit seiner Erfindung auszeichnet.

Betrachtet man die 2050 voraussichtlich verwendete Bahn-Technologie, haben nach dem Aus der Magnetschwebebahn Transrapid infolge von Kostenexplosion, Bevölkerungsprotesten und einem tragischen Unfall auf einer Versuchsstrecke[46] alternative Projekte zur schienengebundenen Eisenbahn in Deutschland und den meisten europäischen Ländern kaum eine Chance. Das gilt wahrscheinlich auch für visionäre Projekte wie Hyperloop.

Es stellt sich generell die Frage, ob das aktuelle Paradigma einer ständigen Geschwindigkeitserhöhung von Verkehrsmitteln in der fünften industriellen Revolution noch gilt. Energieeffizienz und damit Umweltentlastung geht zukünftig möglicherweise vor Geschwindigkeit und Zeitgewinn. Anstelle spektakulärer neuer Technologien oder weiterer Hochgeschwindigkeitsstrecken im dicht besiedelten Deutschland ist bis 2050 die Elektrifizierung mit Oberleitungen auf allen wichtigen Strecken Standard. Innovationen gibt es auf Nebenstrecken, bei denen die Kosten für eine durchgängige Elektrifizierung zu hoch sind.[47] Wie in anderen Bereichen sind Akkumulator oder Wasserstoff beziehungsweise synthetische Kraftstoffe mögliche Alternativen.[48]

Ist der Umstieg auf das E-Auto wirklich klimafreundlicher? Die Umstellung im Transportsektor anhand eines Beispiels

Zu der Frage, ob die Ablösung von Benzin und Diesel und damit der Verbrennungsmotoren im Transportsektor wirklich nachhaltig ist, gibt es aktuell viele Diskussionen. Begrenzen die neuen Technologien tatsächlich den Klimawandel, wenn nicht nur der tägliche Betrieb der Fahrzeuge, sondern die ganze Wirkungskette von der Bereitstellung der Treibstoffe beziehungsweise des Fahrstroms über die Gewinnung der Rohstoffe für Fahrzeugbestandteile bis hin zur Herstellung von Fahrzeugkomponenten und die Verwertung nach Ende der Nutzungsphase betrachtet wird? Insbesondere die Akkumulatoren für Elektrofahrzeuge stehen in dem Verdacht, für die Gewinnung und Verarbeitung seltener Materialien wie Lithium, Kobalt oder Nickel nicht nur übermäßig viel Energie zu verbrauchen, sondern auch massive Umweltfolgen in den Förderländern zu hinterlassen. Tatsächlich bedarf es detaillierter Vergleichsrechnungen, um zu einem Ergebnis zu kommen, das wissenschaftlichen Kriterien standhält. Drei solche Untersuchungen von in der Wissenschaft anerkannten Einrichtungen sollen nachfolgend kurz erläutert werden.

Die erste Studie stammt vom International Council on Clean Transportation (ICCT). Das ICCT ist die Organisation, die im Jahr 2015 mit ihren unabhängigen Messungen den VW-Dieselskandal ins Rollen brachte und die offiziellen Untersuchungen durch die US-Umweltbehörde EPA auslöste. Das ICCT hat einen internationalen Vergleich angestellt und dabei die statistische Nutzungsdauer, Größe und Laufleistung von Fahrzeugen sowie den örtlichen Strommix aus den unterschiedlichen Regionen berücksichtigt. Das heute schon mögliche Recycling von Akkumulatoren oder ihre Nachnutzung als stationäre Energiespeicher wurde nicht einbezogen. Die Berechnungen ergaben für den gesamten Lebenszyklus der Fahrzeuge, dass die CO_2-Emissionen für Elektrofahrzeuge beim aktuellen Strommix in Europa heute 66 bis 69 Prozent, in den USA 60 bis 68 Prozent und in China mit mehr Kohlestrom 37 bis 45 Prozent niedriger liegen als bei konventionellen Fahrzeugen. Die Herstellung von Elektrofahrzeugen ist wegen der Batterie CO_2-intensiver als die klassischer Verbrenner. Mit steigendem Anteil von grünem Strom nehmen allerdings die Vorteile der E-Autos drastisch zu.[49]

Die zweite Studie wurde von der European Federation for Transport and Environment (T&E) veröffentlicht, dem Dachverband europäischer Verkehrsclubs mit ökologischer Ausrichtung. Sie kommt zu ähnlichen Ergebnissen wie die US-amerikanische Untersuchung. Sie vertieft die

Betrachtungen zum Strommix in verschiedenen Ländern und zeigt an Beispielen die schon heute wirksamen Unterschiede auf. So liegt der CO_2-Vorteil der E-Autos im Kohleland Polen nur bei 30 Prozent, in Schweden mit seinem hohen Wasserkraftanteil bei beinahe 80 Prozent. In der Untersuchung wird auch der Materialverbrauch von Herstellung und Betrieb verglichen. Verbrennerfahrzeuge verbrauchen über ihren Lebenszyklus 17.000 Liter Benzin oder 13.500 Liter Diesel. Bei Elektrofahrzeugen fallen nach Ende der Nutzung lediglich 30 Kilogramm Material an, die mit heute gängigen Recyclingverfahren nicht zurückgewonnen werden können.[50]

Die dritte Studie stammt von der renommierten US-amerikanischen Yale University. Auch in dieser Studie werden der gesamte Lebenszyklus beider Fahrzeugvarianten sowie die Umweltauswirkungen der Kraftstoff- beziehungsweise Stromherstellung mit aktuellem Strommix betrachtet. Die Studie hebt besonders hervor, welche durchschlagende Wirkung die indirekten Emissionen bei der Weiterverarbeitung von Öl zu Kraftstoff haben. Sie machen nach der Studie mehr als ein Viertel des gesamten CO_2-Fußabdrucks des Fahrzeugs aus. Bis zu den Ergebnissen dieser Studie wurde allgemein angenommen, dass die indirekten Emissionen von Elektroautos durch die aufwändige Herstellung der Akkumulatoren deutlich höher sind als die von Verbrennerfahrzeugen und die Vorteile der E-Autos vordergründig durch die niedrigeren Emissionen im Betrieb entstehen. Diese Annahme gilt nunmehr durch die Studie als widerlegt.[51] Selbst wenn man den CO_2-Verbrauch in der Produktion eines Gebraucht-Verbrenners mit 0 Kilogramm ansetzt, übertreffen die Emissionen der Fahrten mit dem Verbrenner nach wenigen Jahren den gesamten Fußabdruck der Produktion und Nutzung eines E-Autos. Argumente, dass es doch nachhaltiger wäre, den alten Verbrenner noch bis zum Ende weiterzufahren, anstatt sich ein neues E-Auto zu kaufen, sind damit außer Kraft gesetzt.

Die vorliegenden Studien berücksichtigen außerdem nur den aktuellen Stand der Technik (insbesondere der Akkumulatoren) und Kraftstoff- beziehungsweise Stromherstellung. Beides wird sich bis 2050 weiter radikal zugunsten des Elektroautos verschieben. Grüner Fahrstrom reduziert den Ausstoß von CO_2 beim Betrieb auf null und ermöglicht auch bei der Herstellung der Fahrzeuge massive Reduzierungen der

Emissionen. Hinzu kommen neue Akkukonzepte, die mit einfach erschließbaren Materialien wie dem oben erwähnten Natrium arbeiten. Als Folge können nach den Ergebnissen einer Metastudie des Instituts für Energie- und Umweltforschung Heidelberg (Ifeu) Elektroautos bis 2050 weitgehend klimaneutral unterwegs sein.[52]

Transportsysteme mit Elektroantrieb sind nicht nur im Betrieb, sondern insgesamt weitaus umweltfreundlicher als die auf Öl basierende Verbrenner-Technologie und bieten tendenziell die Chance zum umweltneutralen Transport.

3. Zukunft chemische Produktion beziehungsweise Stoffwandlung

Produkte aus Luft und Abfall

Irina zog ihren Laborkittel an und blickte auf ihre neueste Innovation: ein Material zur Dämmung von Häusern, das aber mitunter aus Kohlenstoff bestand, der aus der Luft gezogen wurde. Sie sollte heute die Tests durchführen, inwiefern das Material recycelt und nach seiner Nutzungszeit weiterverwendet werden konnte. Irina liebt ihren Job als Chemikerin. Ihre Tage verbringt sie nicht nur im Labor. Manchmal führt ihre Aufgabe sie an die großtechnischen Anlagen ihres Unternehmens. An anderen Tagen tauscht sie sich mit den Kollegen der Quantencomputing-Abteilung aus, die dafür zuständig sind, komplexe chemische Reaktionen und Materialstrukturen zu analysieren und zu simulieren. Was sie früher Wochen oder Monate gekostet hatte, konnte heute in Stunden erreicht werden. »Früher …«, dachte sie bei sich. Damals war auch der Beruf als Chemikerin noch mit Vorurteilen behaftet. Die von ihnen hervorgebrachten Produkte waren zwar unentbehrlich – jeder wollte Kosmetik kaufen, Häuser bauen oder Medikamente haben –, aber mit ihrer Produktion verbanden alle die Vorstellung von rauchenden Schornsteinen, Abfallhalden und Schadstoffen in der Natur, die letztlich auch menschliche Körper eroberten. Das alles hergestellt aus Rohstoffen wie Kohle, Öl oder Gas, die nicht unbedingt beliebt waren. Die chemische Produktion von heute macht Chemikerinnen wie sie zu Umweltheldinnen. Sie erschaffen Produkte aus Luft und Abfall und sorgen dafür, dass unvermeidlich entstehende Abfälle aus Produktion und Konsum sauber zerlegt und wieder in den Produktionsprozess integriert werden. Nutzung unerschöpflicher Stoffe, Kreislaufwirtschaft und Mehrfachnutzung sind ihr wichtigstes Credo.

Dieses Kapitel behandelt die chemische Produktion. Da der beziehungsweise die durchschnittliche Leser oder Leserin mit diesem Thema im Alltag wenig Berührungspunkte hat und der Chemie-Unterricht womöglich weit zurückliegt, wirkt dieses Kapitel an manchen Stellen vielleicht etwas trocken. Sollten Sie so empfinden, können Sie das Kapitel einfach überspringen und später lesen.

Stoffwandlungs-Industrien

Alle Industrien, die Ausgangsstoffe in ihrer chemischen Struktur verändern, um Produkte mit neuen Stoffeigenschaften herzustellen, können unter dem Begriff Stoffwandlung zusammengefasst werden. Die gewonnenen Stoffe unterscheiden sich meist vollständig von den Ausgangsstoffen, sodass oft genaue Kenntnisse erforderlich sind, um den Zusammenhang zwischen Ausgangsstoff und Produkt zu erkennen. Meist sind der Ausgangspunkt aus der Natur entnommene Stoffe wie zum Beispiel Erdöl und Erdgas für Kunststoff und Düngemittel, Eisenerz und Kohle für die Stahlproduktion oder Kalkstein für die Zementherstellung. Die Ausgangsstoffe werden über Zwischenstufen so vorbereitet (Reinigen, Zerkleinern, Lösen, Aggregieren, Mischen und so weiter), dass sie für die chemische Reaktion die richtigen Eigenschaften aufweisen. Die chemische Reaktion selbst erfolgt nicht selten über verschiedene Zwischenstufen bis zu einem Endprodukt, welches noch für die Verwendung abschließend aufbereitet werden muss (Mahlen, Agglomerieren, Verpacken).

Ort der chemischen Reaktion sind im weitesten Sinne chemische Reaktoren, die zum Beispiel als Kolonnen, Öfen, Bioreaktoren oder sonstige Formen von Behältern ausgebildet sind. Bei manchen, wie zum Beispiel Hochöfen für die Stahlproduktion oder Drehrohröfen für die Zementproduktion, ist die chemische Reaktion nicht so leicht zu erkennen. Am Ende entsteht ein Produkt mit neuer chemischer Struktur. Stoffwandlungsprozesse finden sich nicht nur in der chemischen Industrie. Sie sind charakteristisch für die Biochemie, die Pharmaindustrie, die Herstellung von Metallen sowie von Baustoffen, insbesondere Zement.

Die Chemieindustrie, insbesondere die Grundstoffchemie, ist äußerst energieintensiv. Gleiches gilt für die Produktion von Metallen und Baustoffen wie Kalk oder Zement. Sehr viele chemische Verfahren benötigen hohe Temperaturen und/oder Drücke, damit die chemischen Prozesse überhaupt ablaufen, damit verbunden ist ein hoher Energieverbrauch, der bisher fast immer mit fossilen Energieträgern gedeckt wurde und wird. Hochtemperaturprozesse aus den Bereichen Chemieindustrie, Metallerzeugung und Baustoffproduktion gehören entsprechend zu den größten Emittenten von CO_2 und stehen ganz oben auf der Liste technologischer Verfahren, die teilweise über Hunderte, manche sogar Tausende von Jahren vom Grundsatz her fast unverändert praktiziert wurden und nun dringend einer »Neuerfindung« bedürfen. Etwas günstiger sind die Verhältnisse bei neueren chemischen Verfahren und Produkten. Der Energieverbrauch etwa bei Herstellung und Einsatz von Kunststoffen wird als geringer angegeben als bei Produktion und Verwendung überwiegend tradierter Materialien.[1] Viel Energie benötigen aber nicht nur die eigentlichen Reaktoren oder Öfen für den chemischen Prozess, sondern auch die oben genannten dem chemischen Prozess vorgelagerten oder nachgelagerten Verfahren. Das gilt für Mahlen oder Trocknen genauso wie für Stofftrennung durch Destillieren oder Sieben.

Der Verbrauch von fossilen Energieträgern ist aber nicht die einzige Quelle für die Entstehung von CO_2 und anderen klimaschädlichen Gasen durch Stoffwandlungsprozesse. Auch im Ausgangsstoff enthaltenes CO_2 kann durch chemische Reaktionen freigesetzt werden, wie bei der Zementherstellung. Der Rohstoff Kalk enthält Kalziumcarbonat, welches im Brennprozess umgewandelt wird und CO_2 freisetzt. Etwa zwei Drittel der CO_2-Emissionen bei der Zementherstellung entfallen auf die Freisetzung des im Gestein gebundenen CO_2, nur ein Drittel auf die eingesetzte Energie. Enorm sind auch die Emissionen von Treibhausgasen aus Kohlenwasserstoffen wie Erdgas, lange bevor sie als Rohstoff in der chemischen Anlage landen. Schon bei seiner Förderung und beim Transport entweichen erhebliche Mengen Methan, ein deutlich wirksameres Klimagas als CO_2. Nicht nur der chemische Prozess selbst wirkt also klimaschädlich.

Die stoffwandelnden technologischen Verfahren müssen genauso grundlegend umgebaut werden wie die in der Energieerzeugung und im Verkehrssektor. Das wird allerdings sehr teuer, da stoffwandelnde Systeme wahre »Investitionsriesen« sind – nicht anders als Großkraftwerke oder Eisenbahninfrastrukturen. Es ist zudem alles andere als leicht, stoffwandelnde Verfahren nicht nur zu entwickeln, sondern auch milliardenschwere Investitionen zu tätigen, um die notwendigen neuen Industrieanlagen zu errichten. Vom Labor oder der Pilotanlage zur Großproduktion ist es ein weiter, kostenintensiver Weg. Dennoch geht am Umbau der stoffwandelnden Industrien in einem historisch kurzen Zeitraum mit dem Ziel Klimaschutz kein Weg vorbei.[2] Wie wir noch sehen werden, verursacht dieser Umbau nicht nur Kosten und Probleme, sondern ermöglicht den Aufbau einer Infrastruktur für die nächsten 50 Jahre, die in bisher unvorstellbarer Weise den Naturverbrauch vermindert und – gewissermaßen nebenbei – die Abhängigkeit Deutschlands von Importen drastisch senkt.

Ganzheitliche Lösungen für Unternehmen – Strategien für deren Umsetzung

Beim Umbau der stoffwandelnden Unternehmen geht es nicht um einzelne Maßnahmen, sondern um eine abgestimmte Unternehmensstrategie, die alle Quellen für die Klimabelastung im Blick hat und auch an den Grenzen des Unternehmens nicht aufhört. In nur wenigen Jahren wird es völlig normal sein, dass jedes Unternehmen aus den stoffwandelnden Industrien über eine solche Strategie verfügt und sie auch tatsächlich umsetzt. Wer dieser Notwendigkeit nicht nachkommt, bekommt massive Probleme mit staatlichen Umwelt- beziehungsweise Klimaschutzauflagen und wird von Investoren und Kunden abgestraft. Spätestens wenn die Zertifikate für die CO_2-Produktion deutliche Spuren in der Bilanz hinterlassen, werden auch die geduldigsten Investoren unruhig.

Die Registrierung der Emissionen erfolgt dabei in drei Bereichen (Scopes). Der erste Bereich, Scope 1, erfasst alle *direkten* Emissionen aus dem Unternehmen (Produktionsanlagen, Transportsysteme). Scope 2 betrifft *indirekte* Emissionen, die zum Beispiel bei der Erzeugung des Stroms oder der Wärme entstanden sind, die vom Unternehmen eingekauft und nun verbraucht werden. Zu Scope 3 gehören alle Emissionen, die *nicht direkt* vom Unternehmen kontrolliert werden können. Das betrifft die vor- und nachgelagerten Lieferketten.[3] Zukünftig ist damit zu rechnen, dass entweder im dritten Bereich oder in einem neuen vierten Bereich auch Emissionen erfasst werden, die von den Produkten (zum Beispiel durch Verbrennung von Kunststoffen) ausgehen. Aufbauend auf solchen Bilanzen werden die Unternehmen Strategien zur Reduzierung der drei oben genannten Quellen von Klimaschädigungen entwickeln.

Strategie 1 zur Reduzierung der Klima- und Umweltbelastung ist die Erhöhung der Energieeffizienz. So können ganze Produktionsverfahren zur Erhöhung der Energieeffizienz ersetzt werden. Die Energieeffizienz lässt sich auch steigern durch bessere Wärmedämmung, Wärmerückgewinnung, optimale Prozessparameter durch digitale Steuerungstechnik und so weiter. Die Abwärmenutzung bietet viele Möglichkeiten zur Erhöhung der Energieeffizienz. Hat die Abwärme noch eine hohe Temperatur, so kann sie in den chemischen Prozess – zum Beispiel durch Vorwärmung von Ausgangsstoffen – zurückgeführt werden oder sie dient der Stromproduktion. Ist die Temperatur niedrig, so kann sie für Raumwärme eingesetzt werden.[4]

Strategie 2 ist die konsequente Vermeidung jeglicher Freisetzung klimaschädlicher Gase wie zum Beispiel Methan, Lachgas oder Fluorkohlenwasserstoffe durch Leckagen in Leitungen oder beim Umfüllen aus Transporteinrichtungen und im Produktionsprozess selbst. Auch solche Maßnahmen wie das »Abfackeln« giftiger Gase mit ihren weithin sichtbaren Gasfackeln sind 2050 kaum noch vorstellbar.[5] Allein die Öl- und Gasindustrie verschwendet weltweit jährlich 150 Milliarden Kubikmeter Gas mit einem Wert von 20 Milliarden US-Dollar durch Abfackeln und produziert dabei Unmengen CO_2.[6] Viele Hoffnungen werden auf die unterirdische Speicherung von CO_2 gesetzt, insbesondere unter dem Meer. Besser ist es natürlich, bei der Produktion von Grundstoffen für die Industrie entstehendes CO_2 als chemischen Grundstoff zu nutzen.

Strategie 3 ist der Ersatz von kohlenwasserstoffhaltigen Rohstoffen (Erdgas, Erdöl, Kohle) durch alternative Rohstoffe für die Herstellung von Düngemitteln, Kunststoffen und chemischen Grundstoffen, aus denen Pharmaka, Kerzen und Wachsprodukte, Körperpflegemittel, Verpackungen und so weiter hergestellt werden.[7] Denn egal was unternommen wird: Am Ende landet der bis zur Förderung in der Erde befindliche Kohlenstoff über Zwischenschritte doch als CO_2 in der Atmosphäre. Die beste Art, dies zu verhindern, ist – auch wenn das lange unvorstellbar schien –, sie gar nicht erst zu fördern und die notwendigen chemischen Grundstoffe durch Alternativen zu ersetzen. Bei ihrer Entwicklung spielen – wie wir noch sehen werden – grüner Wasserstoff, CO_2 und Stickstoff sowie biologisch erzeugte Stoffe eine wichtige Rolle.

Strategie 4: Bei allen Anstrengungen bleiben die stoffwandelnden Industrien ein Energie-Großverbraucher. Sie benötigen Elektroenergie zum Antrieb der verschiedensten Maschinen für die Vorbereitung von Ausgangsstoffen (Reinigen, Zerkleinern, Lösen, Aggregieren, Mischen und so weiter) und die Aufbereitung von Endprodukten (Mahlen, Agglomerieren, Verpacken) sowie für Elektrolyseprozesse und zur Erzeugung von Wärme für die Umsetzung chemischer Prozesse. Wärme ist neben Elektroenergie die zweite wichtige Energieart in den stoffwandelnden Industrien. Als Prozesswärme bewegt sie sich zwischen niedrigen Temperaturen unter 100 Grad Celsius und Hochtemperaturprozessen oberhalb 1.000 Grad Celsius.[8]

Grüner Strom und grüner Wasserstoff sind auch in der stoffwandelnden Produktion die Energiequellen der Zukunft. Das gilt für die chemische Industrie genauso wie für die Stahlherstellung oder die Produktion von Baustoffen.

Erneuerbarer Kohlenstoff – CO_2 als Grundstoff für chemische Prozesse

CO_2 gilt als problematisch, da es den Treibhauseffekt anheizt und den Klimawandel beschleunigt. Dabei ist CO_2 bei stofflicher Verwendung ein extrem wichtiger Chemierohstoff. Denn CO_2 enthält mit Kohlenstoff den wichtigsten Ausgangsstoff für organische Chemikalien und Kunststoffe. Bisher wurde Kohlenstoff aus Öl und Gas, früher auch aus Kohle gewonnen. Schon bei der Gewinnung von Öl und Gas und deren Verarbeitung wird massenhaft CO_2 und zusätzlich noch das extrem klimaschädliche Methan frei. Am Ende landet der gesamte Kohlenstoff – wie schon bemerkt – als CO_2 in der Atmosphäre. Bis 2050 wird sich das in vielen Bereichen der stoffwandelnden Industrien grundlegend ändern. Erneuerbarer Kohlenstoff wird zu einer Grundlage für die Dekarbonisierung der Industrie.[9] Quellen für erneuerbaren Kohlenstoff sind etwa Biomasse, CO_2 aus der Luft und Abgasen sowie Recycling kohlenstoffhaltiger Abprodukte und Abfälle.

Für die Gewinnung aus der Luft sind technisch aufwändige Verfahren mit der Bezeichnung Direct Air Capture (DAC) notwendig, die viel Energie verbrauchen. Hierbei muss es sich um grüne Energie handeln, sonst macht das Ganze keinen Sinn. Ist diese ausreichend verfügbar, kann aus der Umgebungsluft CO_2 zunächst gebunden werden, um es dann durch Energiezufuhr für die weitere Verwendung bereitzustellen.[10] Prinzipiell könnte man auf diese Weise auch die CO_2-Konzentration in der Atmosphäre senken – vorausgesetzt, es gelingt, das CO_2 sinnvoll zu verwenden oder sicher zu verwahren.

Weit einfacher kann CO_2 genutzt werden, welches in anderen Industrieprozessen bisher zwangsläufig freigesetzt wird. Das betrifft zum Beispiel die gegenwärtig übliche Form der Stahlproduktion oder die mehrfach genannte Zementproduktion. Erforderlich dafür sind Verbundsysteme, also Rohrleitungen zwischen den Produzenten des CO_2 und den chemischen Anlagen zu seiner Verwendung. Erste Pilotanlagen mit nah beieinanderliegenden Standorten von Stahlproduzenten und Chemieanlagen zeigen die Vorteile eines solchen Verbundes.[11] So wird zum Beispiel in Schleswig-Holstein als Teil eines Projektes zur Sektorenkopplung von Strom- und Wärmegewinnung, Zementproduktion und Treibstoffherstellung ein CO_2-emissionsarmes Zementwerk entstehen.[12] Das in der Zementproduktion unvermeidliche CO_2 wird zum chemischen Grundstoff für die Herstellung synthetischer Kohlenwasserstoffe. Die Herstellung von Kohlenwasserstoffen aus CO_2 und Wasserstoff ist allerdings nicht einfach. Da CO_2 ein sehr reaktionsträges Gas ist, wird für die chemische Reaktion zwischen CO_2 und Wasserstoff viel Energie benötigt. So ist zum Beispiel für die Herstellung von Methan als Zwischenprodukt eine Prozesstemperatur von über 300 Grad Celsius vonnöten.[13] Aktuell werden in CO_2-basierten Verfahren vor allem einfache Moleküle produziert, wie etwa Methanol und Harnstoff, ein Ausgangsstoff für Kunstdünger, sowie verschiedene Kunststoffe. Es können aber auch schon komplexe Produkte aus CO_2 und weiteren Stoffen hergestellt werden. So hat ein Spin-off der Universität Stuttgart ein neuartiges Verfahren entwickelt, mit dem in der Chemieindustrie in Zukunft der Kohlenstoffträger Erdgas durch Kunststoffabfälle und Abgas-CO_2 ersetzt werden kann.[14]

Ein anderes Beispiel ist die Entwicklung innovativer elektrochemischer Prozesse, mit deren Hilfe CO_2 aus der Abwasseraufbereitung in gefragte Produkte wie Reinigungsmittel verarbeitet wird.[15] Bis 2050 ist die Nutzung von CO_2 und Wasserstoff als Rohstoffe der Chemieindustrie üblich. Vermutlich werden die verfügbaren CO_2-Abgase aus industriellen Quellen nicht mehr ausreichen, um den Rohstoffhunger der Chemieindustrie zu decken, und es wird in großem Maßstab CO_2 aus der Luft gewonnen – vorausgesetzt, es gibt genügend grünen Strom und grünen Wasserstoff.

Weitere erneuerbare Chemierohstoffe

Grüner Wasserstoff ist für die stoffwandelnde Industrie der Zukunft nicht nur Energiequelle, sondern neben CO_2 ein dringend benötigter chemischer Rohstoff zur Produktion von Grundchemikalien (einfache chemische Verbindungen, die für die Synthese komplexer Verbindungen benötigt werden), zum Beispiel für die Produktion von Methanol, den Ausgangsstoff von Formaldehyd. Dieses wird unter anderem zur Herstellung von Farbstoffen und Medikamenten verwendet. Besonders wichtig ist grüner Wasserstoff für die Herstellung von Ammoniak. Ammoniak ist eine der am meisten produzierten Chemikalien und wird überwiegend in der Düngemittelindustrie verwendet.[16] Auf die spezielle Rolle von grünem Wasserstoff in der stoffwandelnden Industrie gehen wir später ausführlicher ein.

Haber-Bosch-Verfahren

Ein industrieller Prozess zur Herstellung von Ammoniak. Das Verfahren revolutionierte die Agrarindustrie durch die Herstellung von synthetischem Düngemittel, das zur Ernährung eines Großteils der Weltbevölkerung beiträgt.

Der nächste Kandidat auf der Liste der umweltfreundlich zu gewinnenden Ausgangsstoffe für Stoffwandlungsprozesse ist Stickstoff. Stickstoff wird für die Synthese von Ammoniak mit dem Haber-Bosch-Verfahren eingesetzt, viele Sprengstoffe sind Stickstoffverbindungen. Es gibt auch viele technische Anwendungsfälle, zum Beispiel als Kühlmittel (flüssiger Stickstoff) oder als Schutzgas beim Schweißen. Kunstdünger auf Stickstoffbasis bilden das Rückgrat der modernen Landwirtschaft. Bisher wird Stickstoff vorzugsweise mit dem Haber-Bosch-Verfahren gewonnen. Allerdings verbraucht dieses Verfahren viel Energie und erzeugt hohe CO_2-Emissionen. Zukünftige Anlagen, wie sie gegenwärtig erforscht werden, können Verfahren der Elektrokatalyse, der Photokatalyse und der Photoelektrochemie nutzen.

Wasserstoff, Stickstoff und CO_2 sind in unserer Umgebung im Grunde unbegrenzt verfügbar. Mittels geeigneter Technologien und Energiequellen könnten ihre Herstellung und Anwendung vollständig vom Naturverbrauch abgekoppelt werden. Bei den chemischen Grundstoffen Phosphor und Schwefel ist das nicht so einfach. Phosphor wird zu 90 Prozent für die Herstellung von Düngemitteln eingesetzt, wo er unersetzbar ist. Seine industrielle Herstellung aus dem Mineral Apatit ist aufwändig und umweltschädlich. Da der Phosphorbedarf weltweit ansteigt und die weltweiten Vorräte an Mineralien zu seiner Herstellung begrenzt sind, bedarf es nicht nur aus Umweltschutzgründen dringend Alternativen für seine Herstellung. Die aussichtsreichste Möglichkeit dafür ist die Extraktion aus dem Klärschlamm von Abwasseraufbereitungsanlagen. Phosphorrecycling wird in den nächsten Jahrzehnten zu einer Selbstverständlichkeit, die auch die nötige Wirtschaftlichkeit erreicht.[17] Umwelttechnisch ist sie aber nur dann akzeptabel, wenn die benötigte Energie aus regenerierbaren Quellen stammt.

Ein letztes Beispiel für eine Neuorientierung bei der Gewinnung von Chemierohstoffen ist Schwefel. Schwefel wird in erster Linie für die Produktion von Schwefelsäure eingesetzt, die als eine der technisch wichtigsten und mit einer Weltjahresproduktion von über 150 Millionen Tonnen meistproduzierten Grundchemikalien[18] gilt. Schwefelsäure dient hauptsächlich der Produktion von Düngemitteln und zur Herstellung von Pigmenten. Schwefel wird heute im Bergbau als Rohschwefel und aus schwefelhaltigen Verbindungen in Kohlenwasserstoffquellen wie Erdöl, Erdgas und Kohle sowie aus Erzen von Schwermetallen gewonnen. Zukünftig werden Gewinnungsmöglichkeiten wie zum Beispiel das heute schon in der EU übliche Recycling von Dünnsäure, also verdünnter Schwefelsäure, weltweit an Bedeutung gewinnen. Insgesamt zeichnet sich ab, dass wichtige chemische Grundstoffe zunehmend aus Luft und Wasser sowie durch Recycling gewonnen werden.

Die biologische Revolution in der stoffwandelnden Industrie

Auch wenn wir der Auffassung sind, dass die »Biologisierung« von Technologie und Wirtschaft eher Inhalt einer kommenden sechsten industriellen Revolution sein wird, hat sie dennoch für die Entwicklung der stoffwandelnden Industrie schon jetzt enorme Bedeutung. Computersysteme oder Flugzeugteile – vieles davon ist in Technik gegossene Naturwissenschaft. Die systematische Anwendung von Wissen über die Natur und der Biologie ist nicht neu. Stoffwandelnde Systeme sind der Bereich der Technologie, in dem diese biologische Transformation[19] schon am weitesten fortgeschritten ist. Sie ist auch der Bereich der Technik, in dem unterschiedliche biologische Prinzipien wie zum Beispiel die Selbstorganisation (spontane Strukturbildung, also beispielsweise die Entstehung von Ameisenstraßen oder Bienenwaben in der Natur) oder Selbstreferenz beziehungsweise Autopoiesis (Prozess der Selbsterschaffung und -erhaltung eines Systems, zum Beispiel intakte Ökosysteme) bereits angewendet werden. Das betrifft zum Beispiel die spontane Aneinanderlagerung von Molekülen, wie in der supramolekularen Chemie oder der Aufbau komplexer Nanostrukturen in der Nanochemie.

Bioleaching

Bioleaching ist ein Verfahren, um Schwermetalle aus Erzen zu gewinnen. Dazu werden Mikroorganismen eingesetzt.

Doch es bleibt nicht bei der Nutzung biologischer Prinzipien. In stoffwandelnden Technologien, insbesondere in der Biotechnologie, werden im breiten Maßstab biologische Systeme, insbesondere Bakterien, eingesetzt. Biologische Organismen ersetzen klassische chemische Prozesse. Beispiele dafür sind die Nutzung von Mikroorganismen zur Rückgewinnung von seltenen Erden aus Magneten, die Funktionalisierung von Polymeren (Eigenschaftsänderung durch Einbringung zusätzlicher Bestandteile) und die mikrobielle Gewinnung von Biokunststoff aus CO_2-Abfallströmen.[20] Die Mikroorganismen werden heute nicht nur der Natur entnommen, sondern im Rahmen der synthetischen Biologie durch Zusammenführung von Methoden der Molekularbiologie mit organischer Chemie, Nanotechnologie und Informatik auch künstlich geschaffen beziehungsweise durch Genmanipulation an spezifische chemische Aufgaben angepasst,[21] unter anderem für die Verarbeitung von Abfällen in Kläranlagen oder Produktion von Grundstoffen für neue Pharmaka. Hier zeigt sich die prinzipielle Bedeutungszunahme biologischer Muster in Prozessen der Stoffwandlung.

Der Einsatz biologischer Organismen anstelle von chemischen Prozessen wird durch eine weitere Entwicklungsrichtung ergänzt. Biologische Produkte werden zunehmend als Alternative für Kohle, Erdöl und Erdgas in ihrer Funktion als Ausgangsstoff in chemischen Reaktionen eingesetzt. Die biologische Transformation führt innerhalb der stoffwandelnden Technologien aus mehreren Gründen zur deutlichen Beschleunigung der Dekarbonisierung und der generellen Reduzierung klimaschädlicher Prozesse.

Es wird erstens deutlich weniger Energie verbraucht, wenn an die Stelle chemischer Prozesse biologische Organismen treten. Diese brauchen weder hohe Temperaturen noch hohe Drücke, wie sie in vielen chemischen Reaktionen notwendig sind. Beispiele wie die oben genannte Rückgewinnung von seltenen Erden aus Magneten zeigen, was möglich ist. Dahinter verbirgt sich eine ganze Gruppe von schon länger bekannten mikrobiellen Alternativmethoden wie das Bioleaching.

Ein zweiter Grund ist die Möglichkeit, auf diese Weise Erdöl und Erdgas, welches in letzter Konsequenz als CO_2 in der Atmosphäre landet, zu ersetzen. So können zum Beispiel biologische Organismen in der chemischen Industrie für die Herstellung von Terpenoiden eingesetzt werden, die für die Produktion von Aroma- und Geschmacksstoffen, Pflanzenschutzmitteln, Körperpflege- oder kosmetischen Produkten benötigt werden. Auch andere umweltschädliche Stoffe, wie synthetische Fungizide, könnten durch biologische Lösungen ersetzt werden.

Mit dem einfachen Ersatz ist es allerdings nicht getan. Denn die biologischen Ausgangsstoffe sollen weder anstelle von Lebensmitteln angebaut noch durch Raubbau in der Natur gewonnen werden. Sie dürfen auch nicht die biologische Vielfalt bedrohen oder zusätzliche Treibhausgasproduktion anschieben. Zertifikate, wie die ISCC-PLUS-Zertifizierung sichern die Nachhaltigkeit für biogene und zirkuläre Produkte.[22] Das sind Produkte, die durch Recycling mehrfach genutzt werden können.

Drittens ergeben sich weitreichende Wirkungen aus dem gerade von der Biotechnologie vorgelebten Zusammenwirken biologischer Komponenten mit den neuesten Möglichkeiten der Informationstechnologien. Das betrifft sowohl die Prozessvorbereitung durch Simulation (bio-)chemischer Prozesse mit Quantencomputern als auch die gentechnologische »Konstruktion« von passenden Mikroorganismen und die intelligente Steuerung und Modellierung (digitaler Zwilling, wie wir noch erläutern werden) der technologischen Prozesse.

Ein anderer Weg ist die gezielte Gewinnung von neuen Enzymen durch zielgerichtete Evolution. Anstelle des »Versuch und Irrtum«-Prinzips werden Enzyme gezielt entwickelt. Neben dem Einsatz biologischer Organismen in stoffwandelnden Prozessen umfasst die biologische Revolution auch den steigenden Einsatz biologischer Ausgangsstoffe anstelle von fossilen Rohstoffen für die Herstellung chemischer Produkte. Neu ist das nicht, aber wie schnell die Entwicklung voranschreitet, zeigt der Aufbau einer 550 Millionen Euro teuren Bioraffinerie am Chemiestandort Leuna in Mitteldeutschland. Dort sollen ursprünglich ab 2023, aktuell ab 2024, auf der Basis von Holz chemische Grundstoffe hergestellt werden, die in der Produktion von Verpackungen, Autoteilen oder Schuhsohlen Verwendung finden.[23]

Digitale Transformation in der stoffwandelnden Industrie

Die gesamte Prozessindustrie unterliegt einer Digitalisierung, die weit über die klassische und schon lange verbreitete Automatisierung mit Systemen der Prozessleittechnik und Messtechnik hinausgeht. Die digitalen Systeme üben Funktionen wie Prozessüberwachung, Prozesssteuerung, Berichtswesen sowie Dialogfunktionen (Anzeigen, Bedienen, Registrieren und Archivieren) aus. Hinzu kommen Zusatzfunktionen wie Plausibilitätskontrollen und die Erstellung von Prognosen.[24]

Aber die Entwicklung geht weiter. Die Digitalisierung umfasst zukünftig die Vernetzung von virtuellen und realen Prozesssystemen im Internet der Dinge (IoT). Absehbar ist eine weitgehende Digitalisierung der Betriebsführung, der Instandhaltung (Predictive Maintenance, digitale Zwillinge) und der Verwaltungsprozesse. Dafür werden auch in der Prozessindustrie Systeme der Künstlichen Intelligenz, Blockchain-Technologien, das Internet der Dinge und Cloud-Technologien verstärkt zur Anwendung kommen. Die datenmäßige Erfassung der gesamten Wertschöpfungskette in der Prozessindustrie ermöglicht die Einsparung von Energie und die Begrenzung der Freisetzung klimaschädlicher Gase.

Eine besondere Rolle kommt zukünftig Quantencomputern in der stoffwandelnden Industrie zu. Quantencomputer ermöglichen die Simulation und Berechnung komplexer chemischer Reaktionen, was deren Planung und Durchführung entscheidend erleichtert oder überhaupt erst möglich macht.[25] Mit ihnen entsteht eine neue Disziplin, die Quantenchemie. Durch die Nachbildung komplexer Experimente auf dem Computer können grundlegende natürliche Phänomene verstanden werden, was gerade in der Prozessindustrie wahre Entwicklungssprünge in Aussicht stellt. Möglich wird die schnellere Identifikation neuer potenzieller Wirkstoffe für die Medizin oder die Herstellung neuer Materialien, zum Beispiel für Solarzellen. Das alles geschieht mit optimierten Verfahren, deren Parameter vorher und prozessbegleitend simuliert werden und dadurch nahe am Optimum gefahren werden können.[26]

Kreislaufwirtschaft in stoffwandelnden Industrien

Kreislaufwirtschaft ist für die stoffwandelnden Industrien, insbesondere die Chemieindustrie, kein neues Thema. Kreislaufwirtschaft bedeutet eine Produktion und einen Verbrauch, bei dem Materialien und Produkte so lange wie möglich genutzt und nach dem Ende der Nutzungszeit erneut aufgearbeitet und in den Kreislauf zurückgeführt werden.[27] Reparieren, aufarbeiten und Recycling von Produkten sind dafür unerlässlich. Auf diese Weise sollen Abfälle auf ein Minimum reduziert werden.

In der stoffwandelnden Industrie, vor allem der Chemieindustrie, geben erste Unternehmen bekannt, dass sich ihre unternehmerische Vision am Prinzip der Kreislaufwirtschaft ausrichtet, so etwa Covestro[28] oder Solvay[29]. Solvay-CEO Ilham Kadri geht dabei weit über das eigene Unternehmen hinaus, wenn sie für die Chemieindustrie fordert, »die Mutter aller Industrien muss sich neu erfinden!«, und dabei die Kreislaufwirtschaft als neues zentrales Leitbild für Organisationen sieht.[30]

In der stoffwandelnden Industrie hat die Kreislaufwirtschaft konkrete Folgen für die verwendeten Technologien und Produkte. Hier beschäftigt die Frage, welches Rohmaterial überhaupt für einen Kreislauf geeignet ist. Aus der Erde gewonnene Kohlenwasserstoffe gehören nicht dazu. Denn sie enden meist nach wenigen Nutzungsstufen in Verbrennungsprozessen und damit als CO_2 in der Atmosphäre. Ganz anders biologische Rohstoffe oder synthetische, mit grünem Strom produzierte Kohlenwasserstoffe. Sie können nach nachhaltigen Prinzipien produziert werden und wenn sie am Ende ihrer Nutzungsdauer doch verbrannt werden, gerät die gleiche Menge CO_2 zurück in die Atmosphäre, die aus ihr entnommen wurde. Weltweit wurden bisher nur 9 Prozent des gesamten produzierten Kunststoffs zumindest einmal recycelt.[31]

Zukünftig kommt es in der stoffwandelnden Industrie darauf an, Produkte so zu gestalten, dass sie möglichst nur aus einem Material (zum Beispiel einer Sorte Kunststoff) bestehen, welches auch sortenrein erfasst werden oder nach der Nutzung möglichst sortenrein zerlegt werden kann. Ein Lösungsansatz liegt in einer modernen Methode des Recyclings – der enzymatischen Transformation von Plastik. So sind bestimmte Bakterienstämme in der Lage, Plastik (PET) zu zersetzen[32]. Zwar sind diese Biorecyclingprozesse noch verhältnismäßig teuer und wenig erforscht, aber langfristig sicher die nachhaltigere Option. Zukünftig werden Verfahren an Bedeutung gewinnen, bei denen die Kunststoffe in ihre Ausgangsbestandteile zerlegt werden. Ein Beispiel dafür ist die vom französischen Unternehmen Carbios entwickelte enzymatische Zerlegung von PET in seine Ausgangsmonomere. Damit ließe sich vollständig recyceltes und unendlich wiederverwertbares PET herstellen.[33]

Kreislaufwirtschaft ist auch für die Verwendung von Wasser in der chemischen Industrie angesagt. »Wassereffizienz« statt End-of-Pipe lautet das zukünftige Credo. Das sind technische Umweltschutzmaßnahmen am Ende eines Prozesses, die durch Behandlung von Abfall, Abluft oder Abwasser versuchen, die Umweltwirkung gering zu halten.[34] Industrielle Wasserkreisläufe ermöglichen durch Wieder- und Weiterverwendung der Prozessabwässer eine höhere »Wassereffizienz«.[35]

Fossile Energieträger in energieintensiven Prozessen ersetzen

Stoffwandelnde Produktionsprozesse mit einem weltweiten Output von vielen Millionen Tonnen gehören zu den Großverbrauchern von Energie und zu den größten Emittenten klimaschädlicher Gase. An der Spitze steht die Herstellung von Zement und Stahl. Weltweit werden jährlich 4,6 Milliarden Tonnen Zement verbaut. Bei ihrer Herstellung entstehen 2,8 Milliarden CO_2, das sind 8 Prozent der weltweiten Emissionen.[36] Die Stahlproduktion ist sogar für 10 Prozent der weltweiten CO_2-Emissionen verantwortlich.[37]

In der chemischen Industrie ist die Herstellung von Grundstoffen häufig energieintensiv, zum Beispiel die Dampfreformierung oder das Dampfspalten/Steamcracken.[38] Besonders kritisch für den Klimaschutz ist der Einsatz fossiler Energieträger, die verbrannt werden, um mittlere (über 400 Grad Celsius) oder sehr hohe (über 900 Grad Celsius) Temperaturen zu erzeugen. Zu den Ersteren gehören zum Beispiel die

Herstellung von Ammoniak und das Cracken von Erdöl für die Benzinherstellung. Stahl- und Zementherstellung lassen sich ähnlich wie die Glasherstellung der zweiten Gruppe zuordnen, bei der zum Beispiel bei der Glasherstellung 1.600 bis 1.800 Grad Celsius notwendig sind.

Steamcracken

Ein Steamcracker ist eine Anlage in der petrochemischen Industrie, die zur Herstellung wichtiger chemischer Grundstoffe verwendet wird. Dabei werden längerkettige Kohlenwasserstoffe unter Zusatz von Wasserdampf thermisch in kurzkettige gespalten.

Energieträger in der stoffwandelnden Industrie ist vorwiegend Erdgas. Statt fossiler Energieträger werden in Zukunft vorwiegend grüner Strom und – wo das nicht möglich ist – grüner Wasserstoff und seine Derivate eingesetzt. Wasserstoff lässt sich problemlos verbrennen und die Temperaturen erreichen je nach den spezifischen Bedingungen 2.000 bis 3.000 Grad Celsius. Grüner Wasserstoff als Brennstoff ist auch die gegenwärtig wichtigste Option, um die CO_2-Freisetzung bei der Zementherstellung zumindest deutlich zu reduzieren.

Grüner Strom ist eine Alternative für die Energiezuführung auch für höhere Temperaturen. Schon länger gebräuchliche Lichtbogenöfen erreichen Temperaturen bis 3.500 Grad Celsius. Sie werden vorwiegend zum Einschmelzen und Gießen von Metallen eingesetzt, was nicht zur Stoffwandlung gehört. Zur Stoffwandlung zählen aktuell in Vorbereitung befindliche elektrische Heizungen für Steamcracker. Diese chemischen Reaktionsöfen in Form von riesigen aufrecht stehenden Röhren spielen eine zentrale Rolle bei der Herstellung von Basischemikalien. In ihnen werden Kohlenwasserstoffe aufgespalten. Die Reaktionen finden bei etwa 850 Grad Celsius statt und es werden große Mengen an Energie benötigt, die bisher hauptsächlich aus der Verbrennung von Erdgas gewonnen werden.[39] Steamcracker gehören zusammen mit der Ammoniaksynthese zu den größten Energiefressern in der Chemie. Für den Ersatz werden gegenwärtig elektrische Heizkonzepte[40] entwickelt, die in Zukunft auch für andere chemische Prozesse mit vergleichbaren

Temperaturen übernommen werden könnten. Damit ergeben sich neue Ansätze einer E-Chemie, die deutlich über die schon lange üblichen Elektrolyseprozesse hinausgehen.

Wärmespeicher können für Prozesse mit mittleren Temperaturen ebenfalls zum Ersatz fossiler Brennstoffe beitragen. Die Bereitstellung erneuerbarer Energie verändert sich durch neue Umweltbedingungen. Gerade die chemische Industrie beziehungsweise die stoffwandelnden Prozesse benötigen aber als Prozessindustrien eine kontinuierliche Energieversorgung. Diese erfolgt unter anderem durch die Bereitstellung von Hochtemperaturdampf. Um Kontinuität der Bereitstellung für die Chemieanlagen mit der wechselnden Produktion grünen Stroms zu verbinden, werden zukünftig verstärkt Wärmespeicher wie der des norwegischen Unternehmens Energynest zum Einsatz kommen. Dessen thermische Batterien bestehen aus Hochleistungsbeton. In ihnen wird Hochtemperaturdampf mit grünem Strom erzeugt und dann über längere Zeit gespeichert. Die Speicher können auch mithilfe von Wärmetauschern Abwärme aus Prozessen auffangen, speichern und erneut in den Produktionsprozess zurückführen.[41] Die Palette der Speichertemperaturen umfasst heute Niedertemperaturspeicher bis etwa 130 Grad Celsius, Mitteltemperaturspeicher bis 250 Grad und Hochtemperaturspeicher bis 400 Grad. Die neuen Feststoffhochtemperaturspeicher gehen weit darüber hinaus und ermöglichen die fast verlustfreie Speicherung mit Temperaturen zwischen 400 und 750 Grad Celsius.[42]

In eine ganz andere Richtung gehen Mega-Wärmepumpen. Neue Wärmepumpen, die bereits existieren, aber bisher kaum verwendet werden, erzeugen so große Hitze, dass sie in Chemieanlagen, aber auch in Papierfabriken oder Bäckereien Erdgas ersetzen können.[43]

Grüner Wasserstoff als Grundstoff für Stoffwandlungsprozesse – und Energielieferant

Grüner Wasserstoff als Rohstoff wird genauso wie Wasserstoff als Energieträger durch Elektrolyseverfahren hergestellt. Regenerativ erzeugter Strom wird genutzt, um Wasser in Sauerstoff und Wasserstoff aufzuspalten. Als Nebenprodukt entsteht Sauerstoff.[44] Von hoher Bedeutung ist bis 2050 der Einsatz von Wasserstoff in Prozessen, bei denen die fossilen kohlenstoffhaltigen Brennstoffe nicht nur die nötige Energie liefern, sondern auch direkt am chemischen Prozess beteiligt sind. In diesen Fällen genügt es nicht, die Energiequelle auszutauschen. An die Stelle des bisherigen Stoffwandlungsprozesses tritt ein völlig anderes Verfahren. Es ändern sich der zugrunde liegende chemische Prozess und auch die verwendeten Technologien unterscheiden sich grundlegend. Das wichtigste Beispiel für völlig neue technologische Verfahren durch Einsatz von grünem Wasserstoff ist die Stahlherstellung, die etwa 10 Prozent der weltweiten CO_2-Emissionen verursacht.

Für die umweltfreundliche Herstellung von grünem Stahl ist grüner Wasserstoff weit mehr als nur Energieträger. Die traditionellen Hochöfen durch Direkt-Reduktionsanlagen zu ersetzen, in denen Wasserstoff anstelle von Kohle beziehungsweise Koks als Reduktionsmittel wirkt, ist einerseits eine riesige Chance zur Senkung der CO_2-Emissionen, andererseits aber mit Investitionen in Milliardenhöhe verbunden. Der Einsatz von einer Tonne grünem Wasserstoff in der Stahlproduktion spart 26 Tonnen CO_2 im Vergleich zu klassischen Hochofenverfahren.[45] Der Umbau der Stahlindustrie ist schon jetzt im Gange. Länder wie Schweden sind dabei Vorreiter, nicht zuletzt, weil sie in der Lage sind, den enormen Strombedarf für die Direktreduktion voll aus regenerierbaren Quellen zu decken.[46]

Im Zentrum der Umstellung steht die Wasserstoff-Direktreduktion. Dabei wird das speziell aufbereitete Eisenerz mit Gasverbrennung, zukünftig elektrisch, auf über 800 Grad Celsius aufgeheizt. Die Reduktion des Erzes erfolgt durch eingeblasenen Wasserstoff. Als Produkt entsteht anstelle von flüssigem Roheisen ein fester, poriger Eisenschwamm, der mittels elektrischer Energie aufgeschmolzen und für die Weiterverarbeitung vorbereitet wird. Das Verfahren braucht in der Summe etwa 30 Prozent weniger Energie als klassische Hochöfen. Trotzdem verschlingt es Unmengen an grünem Strom und grünem Wasserstoff.

Ersatz für Produkte, deren Herstellungsverfahren nicht umgestellt werden können

Trotz der riesigen Investitionen werden in den nächsten Jahrzehnten alle Möglichkeiten für alternative technologische Verfahren ausgereizt, um den CO_2-Ausstoß bis 2050 auf null zu reduzieren. Leider ist das in einem Kernbereich der stoffwandelnden Verfahren – der Zementproduktion – nicht möglich. Man kann Zement in der bekannten Form nicht ohne Entstehung von CO_2 produzieren, da beim Verarbeiten des Ausgangsstoffes Kalk mit den hohen Temperaturen des Brennprozesses das im Kalk gebundene Kohlendioxid freigesetzt wird. Der Brennstoff ließe sich durch grünen Wasserstoff ersetzen, die CO_2-Emissionen aus dem Ausgangsstoff aber bleiben. Die nicht vermeidbaren prozessbedingten Emissionen betragen bei Zement zwei Drittel aller Emissionen. Das ist mehr als bei jedem anderen Industrieprodukt. Wie notwendig dennoch die Suche nach Alternativen ist, zeigt das weltweite Wachstum der Zementproduktion. In den letzten 30 Jahren ist die weltweite Jahresproduktion von einer Milliarde Tonnen auf vier Milliarden gestiegen – ein Ende des Wachstums ist nicht abzusehen.[47]

Die Zementindustrie sieht das Auffangen und unterirdische Speichern des CO_2 – zum Beispiel unter der Nordsee – als günstigste Lösung, was aber keineswegs überall auf Zustimmung trifft.[48, 49] Werden die Verfahren zur Zementherstellung nicht grundlegend geändert, wird es notwendig sein, Alternativen zu dem heute alles dominierenden Beton zu finden. Die Forschungen dazu laufen, aber bisher ohne wirklich aussichtsreiche Alternativen.

Aktuelle Optionen lassen sich wie folgt beschreiben: Ein Weg ist, die schon länger genutzten Wege der Prozessoptimierung weiter voranzutreiben und den neuen Bedingungen anzupassen, wie Eisenhüttenschlacken für den Einsatz im Zement-Drehrohrofen.[50] Schlackeneinsatz ist in der Zementproduktion schon lange üblich. Aber mit der oben beschriebenen Umstellung der Stahlproduktion durch Wasserstoff-Direktreduzierung entstehen Schlacken, deren Eigenschaften sich maßgeblich von der Schlacke aus dem bisherigen Hochofen unterscheiden. Die Forschung geht dahin, die Vorteile der Schlackenverwendung, insbesondere auch durch Verminderung der CO_2-Produktion, unter den neuen Bedingungen weiter zu nutzen.[51] Bei den wirklichen Alternativen zu Beton halten sich die Möglichkeiten bisher in sehr engen Grenzen. Weitere Erläuterungen finden sich in Kapitel 5 zu Bauen und Wohnen.

4. Zukunft Stoffformung – Maschinen-, Anlagen- und Fahrzeugbau als Treiber der technologischen Transformation

Ein (un-)lösbares Problem

Auf dem Tisch der Klasse 11b steht eine Glasflasche. Die Schüler und Schülerinnen haben sich drum herum versammelt – es ist Klimawoche in diesem hessischen Gymnasium. Die Vorstellung, dass alle von der Menschheit genutzten Technologien nachhaltig werden und auf Dekarbonisierung umgestellt werden, ist ein schöner Gedanke. Aber geht das wirklich? Und vor allem – wer soll das machen? Beispiele für umweltgerechte Technologien gibt es viele – von E-Autos bis zu PV-Anlagen. Aber mit welchen Maschinen werden diese hergestellt? Wer produziert diese technischen Geräte und Apparate, deren Dimensionen in der Mikrowelt beginnen und bis zu hochhausgroßen Anlagen reichen? Und wie könnten sie klimafreundlicher gestaltet werden? Um das herauszufinden, fangen die Schüler und Schülerinnen mit einem Objekt an, das sie fast täglich in Händen halten. Die Glasflasche steht heute im Rampenlicht. Zur Beantwortung dieser Frage tauchen die Schülerinnen und Schüler in eine Welt ein, deren Existenz mit den ersten Werkzeugen im Verlauf der Menschwerdung begann und die bis heute unser Verständnis von Technik prägt. Es ist die Welt der Werkzeuge, der Werkstoffe, der Verfahren zur Bearbeitung von Werkstoffen, der Bearbeitungsmaschinen und in letzter Konsequenz der mit ihnen erzeugten Produkte. Die Geburt der Glasflasche beginnt mit einem Schmelzprozess in einem Hochtemperaturofen von über 1.500 Grad Celsius. Sie durchläuft Blas- oder Pressverfahren, wird von Anlagen gereinigt, geprüft, befüllt, etikettiert. Nach ihrer Nutzung wird sie in Abertausende Stücke zerkleinert und der Prozess beginnt von vorne. Für die meisten Projektteilnehmer war diese Welt bisher eine Black Box: irgendwie mechanisch, schon immer da und wenig sexy. Die digitale Welt ist ihnen näher. Aber je tiefer sie eindringen, desto spannender wird es. Werkzeugmaschinen sind in der Lage, Werkstücke mit einer Genauigkeit von wenigen Mikrometern zu bearbeiten. Sie erinnern sich an ihre Form und kehren in diese zurück. Maschinen erzeugen Drücke, die schon fast an die Kräfte im innersten Kern der Erde heranreichen. Und natürlich findet sich auch die vertraute digitale Technik auf allerhöchstem Niveau. So nach und nach wird den Mitgliedern der Projektgruppe klar: Die Werkzeuge zur Her-

stellung der Maschinen und Anlagen für die klimaneutrale Produktion in fast allen Bereichen der Wirtschaft sind schon da. Sie müssen nur richtig angewendet werden. Und natürlich darf die Branche, welche diese Werkzeuge anwendet, nicht selbst zu den Klimasündern gehören.

Stoffformung als Bestandteil der fünften industriellen Revolution

Welche Gemeinsamkeit haben technologische Verfahren, die für die Herstellung technischer Produkte eingesetzt werden? Die allgemeine Technologie[1], auf die wir in diesem Buch aufbauen, hat darauf eine einfache und dennoch weitreichende Antwort: Die technologischen Verfahren verändern die Form und zum Teil auch bestimmte Eigenschaften von Werkstoffen, ohne ihre chemische Struktur grundlegend umzubauen. Das unterscheidet sie von der Stoffwandlung. Als Werkstoffe können unterschiedlichste Materialien eingesetzt werden. In der Frühzeit der Menschheit dominierten Holz, Stein und Knochen. Später kamen mit Bronze und Eisen Metalle beziehungsweise ihre Legierungen hinzu. Heute reicht die Palette von Naturstoffen wie Holz über die verschiedensten Metalle bis hin zu Kunststoffen. Diese Werkstoffe können durch Urformen (zum Beispiel Gießen) in eine erste Form gebracht werden oder durch Trennverfahren eine genaue Form annehmen (zum Beispiel Fräsen, Sägen, Lasercutting). Sie werden in ihrer Form verändert (zum Beispiel Walzen, Pressen), zu größeren Abmessungen zusammengefügt (zum Beispiel Schweißen, Kleben) oder auch als Voraussetzung für nachfolgende Prozesse zerkleinert (zum Beispiel Mahlen, Brechen). Auch die Veränderung von Stoffeigenschaften ohne Änderung der chemischen Struktur wie zum Beispiel das Glühen von Stahl nach dem Umformen, um innere Spannungen abzubauen, gehört zur Stoffformung.

Dafür notwendig sind geeignete Werkzeuge (zum Beispiel Bohrer, Walzen) sowie Maschinen, die diese tragen (zum Beispiel Drehmaschine, Walzgerüst) oder Apparate (Glühofen), in denen der Prozess abläuft. Gebraucht werden Energie als Antrieb und Informationen zur Steuerung. Wissenschaft und Praxis beschäftigen sich seit fast zwei Jahrhunderten mit den Verfahren. Nicht zuletzt hat die lange Geschichte der Stoffformung dazu geführt, dass umfangreiche Ordnungssysteme zu ihrer Klassifizierung entwickelt wurden. Das betrifft insbesondere die Fertigungstechnik.

Stoffformungsverfahren können nicht auf eine einzelne Branche begrenzt werden. Diese technologischen Verfahren finden sich überall da, wo Werkstoffe in ihrer Form oder ihren Eigenschaften geändert werden. Das beginnt im Fahrzeugbau, geht über den Maschinen- und Anlagenbau und führt bis in die chemische Industrie (zum Beispiel Mahlen von Feststoffen zur Vor- und Nachbereitung chemischer Reaktionen) und das Bauwesen (zum Beispiel Betongießen). In diesem Kapitel wollen wir uns auf den Maschinen- und Anlagenbau konzentrieren, der für den Umbau aller Technologien in Richtung Klimaneutralität von zentraler Bedeutung ist. Hier entstehen die Maschinen, mit denen in allen anderen Wirtschaftsbereichen wie zum Beispiel im Automobilbau, der Herstellung von Baumaschinen oder im Schiffbau produziert wird. Die riesigen chemischen Reaktoren und Mahlanlagen in der chemischen Industrie kommen ebenfalls aus den Werkhallen der Anlagenbauer.

CO_2-Äquivalent

Ein CO_2-Äquivalent ist eine Maßeinheit zur Vereinheitlichung der Klimawirkung der unterschiedlichen Treibhausgase. Dadurch kann die Klimawirksamkeit des Treibhausgases Kohlendioxid mit weiteren Treibhausgasen wie beispielsweise Methan oder Lachgas verglichen und »zusammengerechnet« werden.

Für die Erreichung von Klimaneutralität hat der Maschinen- und Anlagenbau doppelte Bedeutung. Einerseits ist er selbst Emittent. Im Jahr 2020 verursachte der deutsche Maschinenbau Treibhausgasemissionen in Höhe von rund 2,6 Millionen Tonnen CO_2-Äquivalente.[2] Das sind zwar nur wenige Prozent der gesamten Emissionen Deutschlands, aber dieser Anteil ist dennoch nicht zu unterschätzen. Noch viel wichtiger ist seine Bedeutung als Produzent der Technologien für alle anderen

Branchen. Der Maschinen- und Anlagenbau baut die Maschinen, Anlagen und Geräte, die in allen anderen Branchen für die klimaneutrale Produktion gebraucht werden.

Was leistet der Maschinen- und Anlagenbau für die Dekarbonisierung in anderen Branchen und Technologiefeldern?

Der Maschinen- und Anlagenbau ist wie schon erwähnt Hauptproduzent all der Geräte, Maschinen und Anlagen, mit denen in anderen Branchen produziert wird: von Werkzeugmaschinen über land- und forstwirtschaftliche Maschinen bis hin zu Bau- und Baustoffmaschinen und Chemieanlagen. Er setzt damit in allen Branchen die Standards und schafft die Grundlagen für die Dekarbonisierung.

Zu den aktuell wichtigsten Technologien, die vom Maschinen- und Anlagenbau bereitgestellt werden, gehören erneuerbare Energiesysteme wie zum Beispiel Photovoltaik-Module, Wasserkraftanlagen oder Anlagen zur Verarbeitung von Biomasse. In dieselbe Rubrik gehören Wasserstofftechnologien, beispielsweise für die Wasserstoffelektrolyse oder für Speicher- und Transportsysteme sowie Wasserstofftankstellen. Auch Brennstoffzellen sind hier einzuordnen. Auf der Hand liegt die Bedeutung des Maschinen- und Fahrzeugbaus für die Mobilitätswende: Elektromotoren, Elektronikkomponenten, Batterien und Ladesysteme für Elektrofahrzeuge werden hier produziert. Ein großes Thema ist die Erhöhung der Energieeffizienz aller Produkte sowie ihre Umstellung auf klimafreundliche Energieträger. So wie der Maschinen- und Anlagenbau über zweihundert Jahre beständig neue Maschinen zur effizienten Verbrennung fossiler Brennstoffe geliefert hat, ist er jetzt generell zuständig für die Schaffung der technologischen Voraussetzungen zum Ausstieg aus der Verbrennungstechnologie. Hinzu kommt die Entwicklung und Herstellung energieeffizienter Produkte, wie zum Beispiel Pumpen, Kompressoren, Motoren, Lüftungs- und Klimaanlagen, die den Energieverbrauch in verschiedenen Anwendungen wie Industrie, Gebäude und Transport verringern.

Maschinen- und Anlagenbauer bieten zudem digitale Lösungen und Industrie-4.0-Technologien an, wie zum Beispiel IoT-gesteuerte Systeme, Sensoren und Steuerungs- und Automatisierungslösungen, die eine effizientere Produktion ermöglichen, den Energieverbrauch optimieren und zur Ressourceneffizienz beitragen. Durch die Vernetzung von Maschinen und Anlagen, die Nutzung von Datenanalyse und Künstlicher Intelligenz sowie die Optimierung von Prozessen können Unternehmen aller industriellen Branchen ihren Energieverbrauch und ihre Umweltauswirkungen reduzieren und ressourceneffizienter produzieren.

Ohne Anspruch auf Vollständigkeit soll noch die Herstellung von Maschinen und Anlagen für die Kreislaufwirtschaft in den verschiedensten Branchen genannt werden. Maschinen- und Anlagenbauer entwickeln und produzieren Geräte, die die Kreislaufwirtschaft unterstützen, wie zum Beispiel Recycling- und Aufbereitungsmaschinen, Anlagen zur Rückgewinnung von Wertstoffen aus Abfällen sowie für Produkte, die aus recycelten Materialien hergestellt werden.

Grundlegende Richtungen des technologischen Wandels im Maschinen- und Anlagenbau

2050 trägt der Maschinen- und Anlagenbau und damit das Haupteinsatzgebiet stoffformender Technologien nicht nur als Hauptakteur zum Umbau aller Technologiefelder in Richtung Dekarbonisierung bei. Die Branche hat auch den eigenen Ausstoß klimaschädlicher Gase konsequent gesenkt. Auf dem Weg dahin wurden drei große Ziele verfolgt, die sich gegenseitig durchdringen.

Das betrifft zunächst die Senkung des Materialverbrauchs und die Umstellung auf Materialien, die möglichst wenig CO_2 bei der Herstellung erzeugen. Um das zu erreichen, werden alle Bearbeitungsverfahren so optimiert beziehungsweise ausgewählt, dass der Abfall im Bearbeitungsprozess nur noch minimal ist beziehungsweise gegen null geht. Wie beim Material werden bei der Energieanwendung in der

Branche die Bestandteile Erhöhung der Energieeffizienz, Umstellung auf erneuerbare Energie bei allen verwendeten Energiearten und verstärkte Eigenproduktion von erneuerbarer Energie an den Standorten der einzelnen Werke weitgehend umgebaut. Das dritte Ziel richtet sich einerseits auf die Senkung der Emissionen in der vorgelagerten Lieferkette (zum Beispiel Einkauf von Material). Andererseits sollen die Folgen der Ausrangierung verschlissener Maschinen und Anlagen sowie Werkstoffe (zum Beispiel Stahl) und Hilfsstoffe (zum Beispiel Säure für die Oberflächenbehandlung von Metallen) minimiert werden.

Anders als im Jahr 2022 sind 2050 in diesem Zusammenhang Mängel in der Unternehmensstrategie von Konzernen und mittelständischen Unternehmen des Maschinen- und Anlagenbaus bei der Festlegung von Zielen für die CO_2-Reduktion schon lange Geschichte. Die Analyse der Top 100 der europäischen Maschinenbauer ergab damals folgendes Bild: Nur ein Teil der Unternehmen formulierte konkrete Ziele für die Geltungsbereiche der CO_2-Bilanz. Etwa die Hälfte äußerte sich zu Scope 1 (direkte Emissionen der Unternehmen zum Beispiel bei Verbrennungsprozessen) und Scope 2 (mittelbare Emissionen zum Beispiel durch Energiebezug). Ganze 30 Prozent beschäftigten sich mit Scope 3, also den Emissionen, die in der vorgelagerten Lieferkette verursacht werden, zum Beispiel bei eingekauften Rohstoffen.[3] 2050 ist es längst Normalität, dass Unternehmen Strategien für die drei Bereiche haben und das erfolgt so weit automatisiert, dass der bürokratische Aufwand gering ist.

Anlassen

Anlassen ist eine Form der Wärmebehandlung von Werkstoffen. Der Werkstoff wird gezielt erwärmt, um seine Eigenschaften zu beeinflussen.

Die wichtigsten Wege zur Erreichung von Klimaneutralität der Branche sind im Grunde identisch mit den Leistungen des Maschinen- und Anlagenbaus für den Rest der technologischen Welt.

Ersatz von fossilen Brennstoffen durch erneuerbare Energie

Stoffformende Verfahren werden meist mit der Veränderung der äußeren Form durch spanende oder nichtspanende Bearbeitungsprozesse gleichgesetzt. Die dafür eingesetzten Maschinen werden mit elektrischer Energie angetrieben. Wie oben bereits dargestellt, ist das aber nur die halbe Wahrheit. Denn auch für Prozesse zur Wärmebehandlung von Metallen werden erhebliche Energiemengen benötigt. Wärmebehandlungsverfahren sind zum Beispiel das Weichglühen von Stahl, das Härten von Stahl durch Erhitzen und Abschrecken und das Vergüten durch die Aufeinanderfolge von Härten und Anlassen.[4] Die Wärmebehandlung erfolgt in Temperaturbereichen zwischen 500 und deutlich über 1.000 Grad Celsius. Auch andere Metalle wie Aluminium, Kupfer oder Titan werden wärmebehandelt, wobei hier die Temperaturen meist niedriger liegen. Gleiches gilt in geringerem Umfang und mit niedrigen Temperaturen für Kunststoffe (Tempern). Die dafür benötigten Öfen werden heute entweder mit Erdgas (ersatzweise Heizöl) oder mit elektrischem Strom beheizt. Aktuell wird als erster Schritt zur Verringerung der CO_2-Freisetzung immer die Effizienz erhöht. Der Wärmebedarf wird durch bessere Isolation, Rückführung von Wärme, verbesserte Steuerung und ein optimiertes Betriebsregime reduziert.

Spanende und nichtspanende Bearbeitung
Von Spanen spricht man, wenn Material in Form von Spänen vom Werkstück entfernt wird, um die gewünschte Form zu erreichen, zum Beispiel beim Fräsen. Nichtspanende Bearbeitung liegt vor, wenn es durch andere Methoden modifiziert wird, zum Beispiel beim Pressen.

Unvermeidbare Abwärme soll je nach Temperaturniveau im Unternehmen für die Heizung und die Kopplung mit anderen Prozessen oder extern über Wärmenetze genutzt werden. Solange noch Erdgas verwendet wird, wird auch an verbesserten Systemen zur Verbrennung wie zum

Beispiel optimierten Gas-Brennern gearbeitet. Langfristig viel wichtiger ist die Weiterentwicklung der direkten Umwandlung von elektrischer Energie in Wärme. Diese wird als Power-to-Heat-Verfahren bezeichnet. Dazu zählen Induktionsöfen und Elektrolichtbogenöfen, aber auch weniger verbreitete Verfahren wie Hochfrequenzerwärmung und Infraroterwärmung.[5]

Bis 2050 sind die mit Erdgas betriebenen Industrieöfen verschwunden. Wird Gas noch als Energieträger genutzt, handelt es sich um grünen Wasserstoff und seine Derivate oder in Ausnahmefällen um Biogas. Angesichts der Verluste bei der Herstellung von grünem Wasserstoff aus grünem Strom werden aber Power-to-Heat-Verfahren dominieren. Sie werden für mittlere Temperaturen ergänzt durch Hochtemperaturwärmepumpen. Diese erreichen beim heutigen Stand der Technik bis zu 160 Grad Celsius, Pilotprojekte erreichen aktuell bis zu 300 Grad Celsius.[6] Ein ganz anderer Weg ist die Bereitstellung von Prozesswärme mit heute wenig bekannten Hochtemperatur-Brennstoffzellen, die mit Temperaturen zwischen 700 und 1.000 Grad Celsius betrieben werden.[7] Zur Effizienzerhöhung werden Hochtemperaturwärmespeicher wichtiger, da sie den Energieaufwand deutlich verringern können.[8] Sie ermöglichen zum Beispiel die Zwischenspeicherung von Wärme mit mehreren Hundert Grad Celsius bei nicht ununterbrochen betriebenen Öfen.

Präzisionsbearbeitung zur Senkung des Material- und Energieverbrauchs

Bei der formgebenden Bearbeitung von Metallen und auch vielen Kunststoffen können Abfälle entstehen, die meist wieder dem Produktionsprozess zugeführt werden, zum Beispiel bei allen spanenden Fertigungsverfahren. Dadurch sind die Werkstoffe zwar nicht verloren, aber die Aufbereitung (zum Beispiel Einschmelzen) benötigt erneut Energie. Oftmals sinkt zudem die Qualität der Werkstoffe durch mehrmalige Aufbereitung. Um diese Energieverbräuche zu vermeiden, setzt sich in Zukunft die schon länger beobachtbare Präzisionsbearbeitung in wenigen Schritten zur Endform weitgehend durch. So werden zur Senkung des Materialverbrauchs urformende Verfahren mit hoher Genauigkeit (zum Beispiel Genau- oder Präzisionsguss von Metallen)[9] eingesetzt. Damit wird schon im ersten Schritt eine weitgehende Annäherung der Gussstücke an die Endform erreicht, sodass oftmals nur noch eine Oberflächenvergütung nötig ist. Ähnliches gilt für umformende Verfahren (zum Beispiel Präzisionsschmieden von Zahnrädern für den Automobilbau). Umformungsverfahren mit hoher Genauigkeit sind zum Beispiel das weitverbreitete Gesenkschmieden oder auch Fließpressverfahren für Metalle und Kunststoffe.[10]

Eine zentrale Rolle bei der Genau- oder Präzisionsbearbeitung von Werkstoffen, um Prozessschritte weiter zu reduzieren und höchste Material- und Energieeffizienz zu erreichen, spielt zukünftig die additive Fertigung, auch bekannt als 3-D-Druck. Beim 3-D-Druck werden kleine Werkstoffmengen Schritt für Schritt aufgetragen und miteinander verschmolzen. Das Verschmelzen erfolgt durch Erhitzen (Metalle, zum Teil Kunststoffe) oder Klebevorgänge beziehungsweise Aushärten (Kunststoffe, Metalle mit niedrigem Schmelzpunkt). Beschränkte sich der Einsatz des 3-D-Drucks ursprünglich auf Kunststoffe und Metalle mit niedrigem Schmelzpunkt, können heute die unterschiedlichsten Metalle, Kunststoffe und Keramiken gedruckt werden. Die erreichbare Formenvielfalt verringert den Aufwand für die Nachbearbeitung auf ein Minimum. 3D-Drucker ermöglichen die Verlagerung der Produktion an den Ort des Bedarfs, was gerade für die Ersatzteilproduktion im exportintensiven Maschinenbau und angesichts fragiler Lieferketten ein enormer Vorteil ist. Allein von 2020 bis 2026 soll der 3-D-Druckmarkt von 13,7 Milliarden US-Dollar auf einen Wert von 63,46 Milliarden US-Dollar ansteigen.[11] Anwender sind unter anderem Automobilbau, Luft- und Raumfahrt, Verteidigung, Gesundheitswesen, Bauwesen und Architektur. Die Entwicklung der 3-D-Drucktechnologie ist eng verknüpft mit der Digitalisierung der Produktion, denn üblicherweise werden zunächst virtuelle Entwürfe mit CAD-Software (Computer Aided Design) erzeugt und dann gedruckt. Durch das Zusammenwachsen von CNC-Bearbeitung und 3-D-Druck in einem Maschinensystem ergeben sich interessante Möglichkeiten zur Verminderung der Bearbeitungszeit und des Materialverbrauchs.[12] Für den 3-D-Druck der Zukunft wird der Einsatz von Quantencomputern wesentliche Entwicklungsimpulse liefern. Mit der Rechenleistung und Funktionsweise (Quantenverschränkung) von Quantencomputern lassen sich molekulare Zustände, Strukturen oder Wechselwirkungen von Materialien simulieren, welche die heute noch übliche Produktion aufwändiger Prototypen überflüssig macht. Es kann also vor der Fertigung durch Simulation schon festgestellt werden, wie sich das Bauteil unter unterschiedlichsten Belastungszuständen verhält.[13] Die Formgebung der Bauteile und der davon abhängige Materialeinsatz können mittels Künstlicher Intelligenz teilweise erheblich optimiert werden.

Präzisionsbearbeitung mit geringstem Material- und Energieaufwand ist auch bei anderen Fertigungsverfahren zu finden. Sie sind oft verbunden mit einer hohen Energiekonzentration an der Wirkstelle und mit hohen Bearbeitungsgeschwindigkeiten. Ein Beispiel dafür ist die Lasertechnologie, die zum Schneiden, Verbinden von Metallen durch Schweißen und zur Oberflächenvergütung eingesetzt wird.[14]

Digitalisierung der Produktion

Die Digitalisierung der Produktion wird große Fortschritte machen, was auch für die Energie- und Materialeinsparungen existenziell ist. Die Industrie 4.0 erreicht bis 2050 ihre volle Ausbaustufe. Mittels Sensoren, Aktoren und intelligenten Steuerungen wird in der Industrie 4.0 eine nahtlose Kommunikation zwischen Maschinen und Anlagen im Unternehmen sowie mit der gesamten Wertschöpfungskette möglich. Durch die Analyse von Daten und die Verwendung von Algorithmen können Maschinen und Anlagen autonom Entscheidungen treffen und sich an veränderte Bedingungen anpassen – mit direktem Einfluss auf den Material- und Energieverbrauch. Beispiele hierfür sind intelligente Wartungssysteme oder automatisierte Qualitätskontrollen. In der Industrie 4.0 werden serienmäßig digitale Zwillinge eingesetzt. Der digitale Zwilling ist ein virtuelles Abbild eines realen Produkts oder einer Maschine. Über Sensoren und Algorithmen wird der digitale Zwilling ständig mit Daten über den Zustand der realen Maschine oder des Produkts versorgt. Dadurch können mögliche Probleme schon erkannt und behoben werden, bevor sie auftreten. Auch die Laufzeit der Maschinen bis zum Austausch erhöht sich deutlich, was wiederum Materialeinsparungen für den Ersatz bedeutet. Durch Cloud-Computing im Maschinen- und Anlagenbau können verschiedene Abteilungen nahtlos zusammenarbeiten und Daten sowie Informationen zwischen verschiedenen Abteilungen und Unternehmen fließen. Dadurch können Prozesse auch aus energetischer Sicht effizienter gestaltet werden. Das gilt zum Beispiel für die Nutzung von Restwärme von Metallen in mehreren aufeinanderfolgenden Stufen der Wärmebehandlung. Bei allen diesen Prozessen nehmen Datenanalyse und maschinelles Lernen zu, was auf die Verwendung Künstlicher Intelligenz hinausläuft. Mit der Industrie 4.0 werden also hocheffiziente Produktionsumgebungen geschaffen. Der Mensch spielt in diesen Konzepten eine untergeordnete Rolle, was einerseits den Mitarbeitenden in der Industrie nicht gerecht wird und andererseits immer dann an seine Grenzen stößt, wenn unvorhersehbare Störungen und Änderungen die informationsverarbeitenden Systeme überfordern.

Um diese Grenze zu überwinden und dadurch auch Energie- und Materialverluste zu vermeiden, wird die Industrie 4.0 bis 2050 ergänzt und teilweise ersetzt durch die Industrie 5.0 und die Industrie 6.0. Die Industrie 5.0 bedeutet die direkte Zusammenarbeit von Menschen mit intelligenten Technologien, KI für Wissens- und Steuerungszwecke und KI-gesteuerten Robotern. Der »maschinengestützte Mensch« ist in der Lage, weit über die Fähigkeiten der KI hinaus kreative Lösungen für unverhofft auftretende Probleme oder gar übergeordnete Krisen zeitnah zu entwickeln und umzusetzen.

In der Industrie 6.0 wird mit Künstlicher Intelligenz und Quantencomputern die autonome Produktion verwirklicht.[15] Dann erreicht die Optimierung aller Prozesse von der Entwicklung und Modellierung der Werkstoffe über die Verschränkung der Fertigungsverfahren bis hin zur Schaffung von Stoffkreisläufen und die optimierte Langzeitnutzung der eingesetzten Maschinen eine völlig neue Qualität. Energie- und Materialeinsatz werden minimiert und die schädlichen Auswirkungen der Fertigungsindustrie auf die Umwelt weitgehend aufgehoben.

Das Industrial Metaverse eröffnet zudem interessante Möglichkeiten für die Optimierung der Abläufe im Maschinen- und Anlagenbau und damit bei der Anwendung stoffformender Bearbeitungsverfahren. In einer 3-D-Simulation werden Maschinen und Anlagen, aber auch Menschen (über Avatare) als digitale Kopie der Wirklichkeit abgebildet. In solchen 3-D-Räumen werden das Internet of Things (IoT), digitale Zwillinge, 3-D-Scans, Simulationen, Künstliche Intelligenz (KI) und Online-Kollaborationstools in einer virtuellen Umgebung zusammengefügt. Das bedeutet eine neue Entwicklungsstufe der Augmented Reality, nicht nur zur Beobachtung in Echtzeit, sondern auch für Interaktion und Steuerung in neuer Qualität. Einsatzmöglichkeiten reichen dabei von Entwicklungs- und Planungsprozessen (virtuelles Engineering) über den Einsatz in Schulungen bis zur permanenten Optimierung der Betriebsabläufe.[16]

Materialeinsatz und CO_2-Bilanz

Wie viel Energie und Material für die Herstellung bestimmter Produkte verbraucht wird, hängt von den verwendeten Materialien ab. Für die Herstellung der Werkstoffe wurde Energie eingesetzt, die als kumulierter Energieaufwand oder vergegenständlichte Energie bezeichnet wird. Die Art des Materials bestimmt nicht nur, wie viel Energie zu seiner Herstellung benötigt wurde. Auch die benötigte Menge für eine bestimmte Aufgabe hängt vom Material ab. Ein Beispiel dafür ist ein Brückenträger. Stark vereinfacht lässt sich feststellen: Je höher seine Festigkeit, je weniger Material wird benötigt. Auch die Art der einsetzbaren Fertigungsverfahren hängt vom Material ab. Ist es zu hart, werden möglicherweise besondere Diamantwerkzeuge für die spanende Bearbeitung benötigt. Das Schweißen von rostfreiem Edelstahl ist viel anspruchsvoller als das von normalem Stahl. In beiden Fällen entstehen höhere Kosten und der Energieverbrauch bei der Bearbeitung nimmt zu. Das Material entscheidet auch über die Standzeit und damit die maximale Nutzungsdauer, nach der es ersetzt werden muss. Man vergleiche nur Konstruktionen aus Aluminium mit Stahlkonstruktionen.

Angesichts dieser enormen Bedeutung des Materials für die Dekarbonisierung der Fertigungsindustrie werden bis 2050 die Bemühungen massiv ausgedehnt, speziell angepasste Materialien gewissermaßen aus der Retorte zu schaffen. Eng verbunden mit dem Einsatz von Quantencomputern wird die Entwicklung und Auswahl von maßgeschneiderten Werkstoffen massiv vorangetrieben. Die enorme Rechenkapazität der Quantencomputer und ihr Einsatz für die Künstliche Intelligenz ermöglicht die Modellierung und Produktion von anwendungsspezifischen Werkstoffen, wobei auch deren Eignung für Recyclingprozesse von vornherein mitgedacht wird. Zu erwarten sind zum Beispiel neue Legierungen unterschiedlicher Metalle, Verbindungen von Metall und Kunststoff, Kunststoffe mit besonders hoher Festigkeit, Keramiken als sogenannte Hochentropiematerialien für Energiespeicher und Katalysatoren.

Hochentropiematerialien

Hochentropiematerialien bestehen aus Kristallen, in denen mehrere Materialien völlig ungeordnete Gitter bilden. Sie sind bei extrem hohen Temperaturen besonders stabil und werden erst seit 2015 erforscht.

Neue Materialien, die natürlich noch nicht mit Quantencomputern designt werden, sind heute schon in hoher Zahl bekannt und ihre Zahl nimmt immer weiter zu. Zu ihnen gehören leichtgewichtige Materialien, zum Beispiel Verbundwerkstoffe, Aluminiumlegierungen oder fortschrittliche Kunststoffe, welche das Gewicht von Maschinenteilen deutlich senken. Leichtere Maschinen brauchen weniger Energie, um sich zu bewegen und zu beschleunigen, was Einsparungen bei den Energiekosten bedeutet. Nanomaterialien sind Materialien mit speziellen Eigenschaften aufgrund ihrer kleinen Größe. Sie können in verschiedenen Anwendungen im Maschinenbau eingesetzt werden, um die Energieeffizienz zu verbessern. Zum Beispiel können Nanobeschichtungen verwendet werden, um die Reibung und den Verschleiß von Bauteilen zu reduzieren, was sich positiv auf den Energieverbrauch auswirkt. Biobasierte Materialien, die aus erneuerbaren Quellen wie Pflanzen oder Algen gewonnen werden, können fossile Brennstoffe und andere nichterneuerbare Materialien ersetzen. Beispiele hierfür sind biobasierte Kunststoffe, Biokomposite und Holzwerkstoffe. Smarte Materialien können ihre Eigenschaften wie etwa Form, Steifigkeit oder Dämpfungseigenschaften unter dem Einfluss von äußeren Bedingungen anpassen. Durch den Einsatz von smarten Materialien können Maschinen und Bauteile effizienter arbeiten, was zu Energieeinsparungen führt. Intelligente Materialien, wie Formgedächtnislegierungen, werden in Maschinenbauanwendungen eingesetzt, um Vibrationen zu dämpfen, die Effizienz von Antriebssystemen zu verbessern oder Energieverluste zu minimieren. Hochtemperaturwerkstoffe, wie Keramiken oder hitzebeständige Legierungen, können in Hochtemperaturanwendungen Energieverluste durch Wärmeabstrahlung minimieren und die Effizienz von Maschinen und Anlagen verbessern. Hochleistungskeramiken, wie zum Beispiel Aluminiumoxid, Siliziumkarbid und Siliziumnitrid, zeichnen sich durch ihre hohe Härte, Verschleißfestigkeit und Temperaturbeständigkeit aus. Sie verlängern in Maschinenbauanwendungen die Lebensdauer von Bauteilen und reduzieren den Energieverbrauch.

Kreislaufwirtschaft

Angesichts der Knappheit von speziellen Materialien und der Notwendigkeit, technologische Kreisläufe weitgehend von Naturkreisläufen abzukoppeln, hat die Kreislaufwirtschaft[17] im Jahr 2050 höchste Priorität. Kreislaufwirtschaft ist dabei gerade für den Maschinen- und Anlagenbau viel mehr als die Rückgewinnung, Aufbereitung und Wiederverwendung von Material. Vielmehr dominiert im Jahr 2050 eine Reihe von aufeinanderfolgenden Schritten, die sich an dem Lebenszyklus eines Produktes orientieren und vom Verband der Maschinen- und Anlagenbauer (VDMA) beschrieben werden.[18] Produkte, Komponenten und Materialien sollen demnach nicht nur mehrfach genutzt werden, sondern nach Möglichkeit so erhalten werden, dass sie auch nach mehrmaliger Nutzung und Wiederaufbereitung höchstmöglichen Nutzen und Wert behalten. Etwa in dem Sinne, dass Metalle oder Kunststoffe möglichst sortenrein verwendet und aufbereitet werden, da jede Vermischung den Gebrauchswert deutlich verschlechtert. Darüber hinaus sollen Lebenszyklen zum Beispiel von Maschinen, aber auch von einzelnen Bauteilen wie Zahnräder oder Fahrzeugreifen verlängert werden, um auf diese Weise Abfallentstehung und Ressourcenverbrauch zu verringern. Das führt zu Maschinenkonzepten, bei denen eine Wiederherstellung der Gebrauchsfähigkeit nach Ablauf der Nutzungsdauer erklärtes Ziel ist. Das Konzept des VDMA unterscheidet mehrere Prinzipien, deren Umsetzung Kreislaufwirtschaft auf hohem Niveau ermöglicht.[19]

- Das erste Prinzip ist »Rethink«. Schon zu Beginn der Produktentwicklung und der Prozessgestaltung wird die Nachnutzung berücksichtigt. Werkstoffe und Teile sollen gleichermaßen langlebig und nach Ende der Nutzung sortenrein trennbar und für die Wiederaufbereitung geeignet sein.
- Das Prinzip »Reduce« bedeutet, dass weniger natürliche Ressourcen und damit weniger Rohstoffe und Energie eingesetzt werden. Hier spiegelt sich zum Beispiel der oben beschriebene Einsatz von Genaubearbeitungsverfahren wider. Gleiches gilt für die Berechnung von Produkteigenschaften, zum Beispiel minimale Wandstärken, durch KI oder das Designen von Material mit Quantencomputern.
- Das Prinzip »Repair« verweist schlicht und einfach auf die Reparatur von fehlerhaften und defekten Teilen. Im Maschinenbau Alltag, lässt sich durch Maßnahmen wie Predictive Maintenance, auch bezeichnet als vorbeugende Wartung, eine neue Qualität erreichen. Die Wartung von Maschinen und Anlagen erfolgt dann nicht mehr nach einem vorgegebenen Plan oder nach Augenschein, sondern durch permanente Auswertung von Maschinen- und Prozessdaten. Natürlich müssen die Maschinen dafür vernetzt sein und über Sensoren zur Beobachtung von Prozesszuständen verfügen. Bis 2050 ist nicht nur die Vernetzung Normalität, sondern auch die Zusammenführung der Daten in einem digitalen Zwilling. Hier wird nicht nur der aktuelle Zustand erfasst, auch der Maschinenzustand in Abhängigkeit von der Betriebsweise wird simuliert, was wiederum für die vorausschauende Wartung genutzt wird. Auf diese Weise verringern sich die Ausfall- und Stillstandszeiten und die Nutzungsdauer der Maschinen verlängert sich.

- Das Prinzip »Reuse« bezieht sich auf eine zweite oder weitere Nutzung von noch intakten Produkten und Maschinen durch andere Anwender. Für Maschinen und Anlagen wird in diesem Zusammenhang die Bedeutung des sogenannten Secondhandmarktes zunehmen. Ist das Produkt nach Ende der Nutzungsdauer nicht mehr durch einfache Reparatur aufzufrischen, kann es nach dem Prinzip »Refurbish« (aufpolieren, verschönern) in Komponenten zerlegt werden, die einzeln aufgearbeitet werden, um die Maschine einem neuen Lebenszyklus zuzuführen.
- Bei Überschreiten der moralischen Verschleißgrenze (technische Überalterung) greift das Prinzip »Remanufacture«. Die Maschinen und Anlagen werden bis auf die Komponentenebene demontiert und die Komponenten werden einzeln aufgearbeitet und wiederverwendet.
- Nach dem Prinzip »Repurpose« können entsorgte Teile in anderen Produkten weiterverwendet werden. So können zum Beispiel Zahnräder oder Wellen nach der Aufarbeitung ein zweites oder drittes Leben in ganz anderen Maschinen bekommen.
- Gut bekannt ist das Prinzip »Recycle«. Materialien aus verschlissenen Produkten werden fachgerecht extrahiert und möglichst sortenrein getrennt, um sie dann wieder in den Kreislauf einzubringen. Für Kunststoffe, Glas oder Metalle ist dieses Prinzip Standard.
- Am Ende des Kreislaufs steht das Prinzip »Recover«. Produkte, die nicht recycelt werden können, werden einer energetischen oder anderweitigen (zum Beispiel als chemische Verbindung) Nutzung zugeführt. Kunststoffe können in ihre Grundbestandteile aufgespalten werden, wie wir im Kapitel »Chemische Produktion und Stoffwandlung« beschreiben.

5. Zukunft
Bauen und Wohnen

Stadt der Zukunft

Seit Oktober 2022 sitzen 400 Mitarbeitende der STRABAG in einem Gebäude in Stuttgart, das hohe Standards in Bezug auf Nachhaltigkeit erfüllt. CO_2-neutraler Ortbeton, recyceltes Aluminium, eine begrünte Fassade, PV-Anlagen oder ein Regenwasser-Vorratsspeicher: Von der Planung über den Bau bis hin zum Betrieb liegt der Fokus des europäischen Baukonzerns bei diesem Projekt auf Nachhaltigkeit.[1] *Nach den im Projekt entwickelten Vorstellungen wird eine ganze Stadt nachhaltig gebaut. Neubauten in dieser Stadt sind so konzipiert, dass sie nur sehr wenig Energie benötigen, und die Energie, die sie benötigen, kommt aus erneuerbaren Quellen. Fassaden voller Solarzellen lassen die Stadt glänzen. Begrünte Dächer zieren auch Bestandsbauten, deren Statik es hergibt. Häuser, Brücken oder Straßen sind aus recycelbaren oder abbaubaren Materialien. Die Bewohner einer klimaneutral gebauten Stadt leben und arbeiten in einer gesünderen und saubereren Umgebung. Starkregen oder Hitzewellen werden durch einfache bauliche Maßnahmen abgemildert. Unterirdische Reservoirs sammeln Wasser auf, um es in Trockenzeiten abzugeben. Auch wirtschaftlich profitieren die Stadt und ihre Bewohner. Die Energiekosten sinken, was zu niedrigeren Betriebskosten und höheren Gewinnen führt. Eine solche Stadt zieht auch andere an: Der Tourismus floriert.*

Bauen und Wohnen als Bestandteil(e) der fünften industriellen Revolution

Zurück in die Gegenwart: Eine der größten Quellen für die Erzeugung von klimaschädlichen Gasen ist die Art, wie wir heute weltweit bauen und wie wir die Bauwerke nutzen. Der Bau von Wohnhäusern, öffentlichen und industriellen Gebäuden sowie von Brücken und Straßen verschlingt nicht nur Unmengen von Material. Allein der Gebäudesektor ist für knapp 30 Prozent des globalen CO_2-Ausstoßes verantwortlich. Auf sein Konto gehen 40 Prozent des Energieverbrauchs, 50 Prozent des Ressourcenverbrauchs, 60 Prozent des Abfallaufkommens und 70 Prozent des Flächenverbrauchs.[2] In Deutschland steht die Bauindustrie für 60 Prozent des Verbrauchs an natürlichen Ressourcen, 50 Prozent des erzeugten Müllvolumens, 35 Prozent des Verbrauchs an fossiler Energie und 35 Prozent der erzeugten CO_2-Emissionen.[3] Diese beeindruckenden Zahlen verdeutlichen die Wirkung des Bauwesens auf den Energieverbrauch und damit die CO_2-Freisetzung durch die Nutzung der entstehenden Gebäude. Schließlich wollen wir nicht nur ein Dach über dem Kopf haben, sondern die Gebäude zum Wohnen und Arbeiten sollen auch ausreichend Behaglichkeit bieten. Dazu gehören Wärme im Winter, zunehmend Kühlung im Sommer, ausreichend Licht – am besten Tageslicht – und der Stromverbrauch für Kochen, elektrische Geräte oder den Betrieb des Fahrstuhls. Speziell der Wärmebereich verbraucht in Deutschland mit Heizen, Warmwasser und Prozesswärme (in der Industrie) fast die Hälfte der benötigten Energie.[4] In Haushalten werden sogar über 90 Prozent der Endenergie für die Wärme verbraucht.[5]

Wie wichtig der Wärmeverbrauch ist, zeigt sich in der Forderung, die Energiewende keinesfalls auf den Bereich Stromerzeugung zu begrenzen, sondern gleichrangig eine echte Wärmewende zu erreichen. Diese wird eine radikale Senkung des Wärmeverbrauchs verbinden mit der Umstellung der Wärmeerzeugung auf erneuerbare Energie anstelle von Öl, Gas und Kohle. Die inhaltliche Nähe zum Kapitel »Zukunft der Energieerzeugung« ist nicht zu übersehen.

Aus der Bestandsaufnahme und der Forderung nach Klimaneutralität ergibt sich für die Zukunft folgendes Bild: Das Bauwesen wird zukünftig so bauen, dass bei der Erstellung der Gebäude von der Herstellung der Baumaterialien über den Bauprozess bis hin zum Recycling nur noch Bruchteile der klimaschädlichen Gase produziert werden. Gleichzeitig werden die Gebäude in Bezug auf ausreichenden Wohnkomfort möglichst wenig Energie benötigen und/oder ausschließlich regenerierbare Energiequellen nutzen, die kein CO_2 freisetzen. Es geht also um die Energiebilanz von Gebäuden. Diese beinhaltet neben der in der gesamten Lebenszeit für den Betrieb verbrauchten Energie auch die sogenannte graue Energie. Bei ihrer Ermittlung werden alle Emissionen berücksichtigt, die von der Produktion des verwendeten Baustoffes bis zum Abriss des Gebäudes entstehen. Die graue Energie macht etwa 40 bis 50 Prozent der Gesamtenergie im Lebenszyklus eines Gebäudes aus.[6]

Allerdings hat die Sache einen Haken. Gebäude sind meist langlebig, 100 Jahre sind keine Seltenheit. Die Mehrzahl der heute genutzten Gebäude wurde zu einer Zeit errichtet, als die CO_2-Problematik keine Rolle spielte. Um Klimaneutralität im Sektor Bauen und Wohnen zu erreichen, reicht es nicht aus, sich nur auf den Neubau zu konzentrieren. Vielmehr ist es notwendig, Millionen von Bestandsbauten so zu verändern, dass auch sie klimaneutral betrieben werden können. Von über 43 Millionen Wohnungen in Deutschland wird heute die Hälfte mit Gas beheizt.[7] In jeder vierten Wohnung steht noch immer eine Ölheizung. Und über 70 Prozent der Wohngebäude wurden vor der Einführung der ersten Wärmeschutzverordnung (1978) errichtet.[8] Das klingt alles ziemlich anspruchsvoll und dieser Eindruck stimmt. Wie es trotzdem gehen kann, zeigen die nachfolgenden Abschnitte.

Womit wir morgen bauen werden

Beton und Mauerwerk finden sich in fast allen unseren Gebäuden und Bauwerken. Leider, denn insbesondere Beton ist ein echter Klimakiller, auch wenn das im öffentlichen Bewusstsein nur bedingt verankert ist. Pro Jahr werden etwa 28 Milliarden Tonnen Beton hergestellt – damit weltweit das in größter Menge hergestellte Material, wobei eine Tonne Beton etwa 150 Kilogramm Zement als Bindemittel enthält. Das sind mehr als vier Milliarden Tonnen Zement pro Jahr mit wachsender Tendenz.[9] Die Zementindustrie verursacht weltweit 7 bis 8 Prozent aller Treibhausgase. Die desaströse CO_2-Bilanz von Beton entsteht aus den aktuell verwendeten fossilen Brennstoffen im Brennprozess, aber auch durch die Freisetzung von in den Ausgangsstoffen Kalkstein, Ton und Mergel enthaltenem und chemisch gebundenem CO_2. Was vorher im Gestein gebunden war, wird im Brennprozess frei. Die fossilen Brennstoffe lassen sich durch Wasserstoff und grünen Strom ersetzen. Die Zementproduktion der Zukunft wird sich in diese Richtung entwickeln. Aber für das aus dem Kalkstein freigesetzte CO_2 gibt es keine echte Lösung. Da für Beton auf absehbare Zeit keine Alternative existiert, die in ausreichender Größenordnung produziert werden kann, sucht die Baustoffindustrie nach Möglichkeiten, das unvermeidlich entstehende CO_2 als Kohlenstoffquelle für die Kunststoffproduktion oder die Herstellung von synthetischen Kraftstoffen zu nutzen oder unterirdisch zu speichern. Es gibt auch Versuche, neue Betonsorten zu entwickeln, bei deren Verwendung sogar zusätzlich CO_2 gespeichert werden kann. Verändert wird die Zementproduktion zum Beispiel durch Verwendung des Minerals Olivin. Bei der Betonherstellung kann der Zementbedarf verringert werden, indem zermahlener Betonabfall untergemischt wird.

Neben Beton wird Mauerwerk am häufigsten als Baustoff verwendet, vor allem als Ziegelmauerwerk oder Kalksandstein. Ziegel werden aus Ton und Lehm geformt und bei über 1.000 Grad Celsius gebrannt. Die dafür notwendige Energie stammt bisher aus Erdgas und schnell könnte man behaupten, Ziegel haben keine Zukunft, vor allem im Vergleich zu Kalksandstein, den großen weißen Bausteinen, für deren Herstellung viel weniger Energie benötigt wird. Doch so einfach ist die Rechnung doch nicht. Denn das in der Ziegelherstellung eingesetzte Erdgas wird zukünftig ersetzt durch grünen Wasserstoff oder seine Derivate. Dann könnten Ziegel weitgehend klimaneutral produziert werden und ihre Vorzüge als schweres Material mit sehr guter Wärme- (oder Kälte-)Speicherung gerade in den zu erwartenden heißen Sommern bestens ausspielen. Demgegenüber hat Kalksandstein wie Beton einen entscheidenden Nachteil: Zu seiner Herstellung wird aus Kalk gewonnener Brandkalk benötigt, der aus Kalkgestein gewonnen wird. Ähnlich wie bei der Zementherstellung wird CO_2 freigesetzt, welches zu circa einem Drittel aus energiebedingten Emissionen und zwei Dritteln aus dem Kalkstein stammt.

Und wie ist es mit Holz, hören wir Sie fragen. Holz speichert während des Wachstums CO_2 und bindet es dauerhaft. Tatsächlich ist Holz klimatechnisch ein idealer Baustoff. Seine Vorteile bleiben auch bei Betrachtung des gesamten Zyklus von der Herstellung bis zum Recycling bestehen.[10] Mit Holz können heute unterschiedlichste Gebäudeformen bis hin zum Geschossbau mit vielen Etagen gebaut werden. Holz kann nicht nur als das begehrte Schnittholz, sondern auch als Spanplatten unterschiedlichster Art verwendet werden. Es ist auch viel sinnvoller, Holz zu verbauen und damit das CO_2 über Jahrzehnte zu binden, als es im Kamin oder in der Pelletheizung zu verbrennen. Gegen eine massive Ausdehnung der Verwendung dieses Baustoffes spricht schlicht und einfach seine begrenzte Verfügbarkeit. Aktuell hat Holz einen Anteil von 12 Prozent als Wandbaustoff im auf Einfamilienhäuser konzentrierten Wohnungsbau. Gemäß dem Waldbericht der Bundesregierung waren 2021 etwa 11,4 Millionen Hektar mit Wald bewachsen, was etwa einem Drittel der deutschen Gesamtfläche entspricht.[11] Holz als Baustoff massiv zu steigern, würde eine deutliche Erhöhung der Importe voraussetzen. Ein großes Problem: Holz ist selbst vom Klimawandel bedroht. Bei Global Forest Watch verfolgen unter anderem NASA und Google weltweit Waldbestände und -zustände. Von 2001 bis 2022 hat Deutschland laut ihnen circa 1,2 Millionen Hektar an Baumbestand verloren, ein Rückgang des Baumbestands um 9,8 Prozent seit 2000.[12] Daten des Thünen-Instituts für Waldökosysteme zeigen, dass gerade in den letzten vier Jahren zwei Gründe den Rückgang dominieren: abiotisch bedingte Ausfälle, also zum Beispiel Trockenheit oder starker Wind, knapp gefolgt von biotisch bedingten Ausfällen wie dem Borkenkäfer oder Krankheiten – die natürlich bei bereits gestressten Bäumen eine höhere Chance haben.[13]

Mit den Baustoffen selbst ist es aber nicht getan. Deutliche Verbesserungen bei der Dämmung – insbesondere von Millionen älterer Gebäude – sind die Grundvoraussetzung für den Vollzug der Wärmewende unter den Bedingungen weiterhin knapper grüner Energie für Heizungs- und Kühlungszwecke.[14] Damit verbindet sich die Frage, welche Dämmstoffe die beste Umweltbilanz aufweisen und insbesondere auch den CO_2-Ausstoß am wirkungsvollsten verringern. Sie sollten langfristig am häufigsten zum Einsatz kommen. Auch hier ist die Antwort nach den ökologisch sinnvollsten Dämmstoffen nicht ganz einfach. Auf den ersten Blick sollten Dämmstoffe aus nachwachsenden Rohstoffen wie Hanf- und Jutematten, Holzfaser-Einblasdämmung oder Schafwolle klar vorn liegen. Styroporplatten, gefertigt aus Polysterol, gelten eher als umweltschädlich, schon deswegen, weil Polysterol aus fossilen Kohlenstoffen hergestellt wird. Hinzu kommt, dass aus Kunststoff gefertigte Wärmedämmverbundsysteme nach dem Ende ihrer Nutzungszeit Sondermüll sind, der nur schwer zu recyceln ist. Steinwolle-Platten, Glaswolle-Matten, Mineralschaumplatten und so weiter verbrauchen viel Energie bei der Herstellung, die heute ebenfalls aus fossilen Quellen stammt. Doch zukünftig könnte sich das alles ändern. Kunststoffe lassen sich aus erneuerbaren Rohstoffen herstellen und fossile Energiequellen können durch grünen Wasserstoff und grünen Strom komplett ersetzt werden. Anbauflächen für nachwachsende Rohstoffe werden für die Nahrungsmittelproduktion benötigt. Unter diesen Bedingungen werden heute verpönte Dämmstoffe eine Renaissance erleben – nur eben hergestellt mit völlig anderen technologischen Verfahren. Ein typisches Beispiel, wie in der fünften industriellen Revolution die gesamte Palette der Produktionsverfahren neu erfunden wird.

Es sieht also alles danach aus, dass die Dekarbonisierung bei den Baustoffen vor allem durch veränderte Herstellungstechnologien mit grünem Wasserstoff und grünem Strom als Energiequellen vorangetrieben wird. Hinzu kommen die moderate Ausdehnung alternativer Baustoffe wie Holz oder Lehm und auch neue Entwicklungen wie naturfaserverstärkte Biopolymere, die mit 3-D-Druckern verarbeitet werden können. Das alles erfordert enormen Forschungs- und Entwicklungsaufwand, der weit über die aktuellen Aktivitäten der Baustoffwirtschaft hinausgeht. Vor allem aber bedarf es der Überarbeitung der Genehmigungs-, Planungs- und Verarbeitungsvorschriften. Diese »Bürokratie« im weitesten Sinne hat durchaus ihren Sinn. Sie soll verhindern, dass Bauwerke unterschiedlichster Art weit unterhalb ihrer Nutzungsdauer verschleißen und ersetzt werden müssen. Was passiert, wenn die Qualitätssicherung nicht funktioniert, kann man auf nach 1990 neu gebauten ostdeutschen Autobahnen beobachten. Ausgelegt für eine dreißigjährige Nutzungsdauer, müssen viele schon nach 10 Jahren wegen Betonkrebs komplett erneuert werden.

Trotzdem setzt der Bausektor weiterhin CO_2 frei, welches entweder unterirdisch gespeichert, als Rohstoff verarbeitet oder in anderen Wirtschaftszweigen kompensiert werden muss.

Wie wir morgen bauen werden

Fast jedes Bauwerk ist ein Unikat, benötigt deshalb eine ganz spezifische Planung und Ausführung und wird an immer neuen Standorten produziert. Für die Erstellung der Bauwerke gibt es unzählige Vorschriften, welche die Spielräume bei neuen Verbesserungen reglementieren. Das alles führt – so eine Studie des Büros für Technikfolgen-Abschätzung beim Deutschen Bundestag – zu einem relativ geringen Innovationsniveau, das sich auch in geringen Aufwendungen für Forschung und Entwicklung widerspiegelt und die Produktivitätsentwicklung bremst.[15]

Trotzdem wird sich auch bei den von der Bauwirtschaft verwendeten Technologien vieles ändern. Für den bis heute hohen Anteil an Handarbeit auf den Baustellen der Bauindustrie bieten sich eigentlich Roboter an, wie sie in anderen Bereichen der Industrie schon weitverbreitet sind. Allerdings beschränkt sich die aktuelle Entwicklung auf wenige Modellfälle, deren Übertragung in die breite Anwendung kaum vorankommt.[16] Sie haben zudem geringe Auswirkungen auf die Dekarbonisierung im Rahmen der fünften industriellen Revolution.

Eine in der öffentlichen Diskussion oft genannte Technologie ist der 3-D-Druck von Gebäuden, auch bezeichnet als additive Fertigung. Sie soll den Arbeitsaufwand deutlich verringern und damit die Produktivität erhöhen. Aus ökologischer Sicht ist ihre Bilanz aber eher zweifelhaft. Der druckbare Beton baut auf herkömmlichem Beton auf mitsamt dessen klimarelevanten und kreislaufwirtschaftlichen Problemen. Die hohen Anforderungen an druckbaren Beton führen sogar zu noch ökologisch ungünstigeren Zusammensetzungen. Ein spezifisches Problem ist die für 3-D-Beton als besonders innovativ betrachtete Bewehrung mit Carbonfasern anstelle von Baustahl. Diese ermöglichen zwar Materialeinsparungen, erfordern aber für ihre Herstellung gewaltige Mengen an Energie und bringen enorme Probleme im Recycling nach Ende der Nutzungsdauer mit sich. Angesichts der Bemühungen zur klimaneutralen Produktion von Stahl für traditionelles Bauen und der Begrenzung des 3-D-Drucks auf den Beton-Baukörper dürfte diese Technologie auch in Zukunft eher ein Nischendasein fristen.

Wesentlich optimistischer einzuschätzen sind die Auswirkungen des modularen und seriellen Bauens auf die Umwelt- und CO_2-Bilanz und damit auf den Einsatz in den kommenden Jahrzehnten. Modulares Bauen baut auf Fertigteilen und (Raum-)Modulen auf und macht so eine Mehrfachnutzung des Gebäudes beziehungsweise der Module möglich. Sie können in Fabriken kostengünstig und mit hoher Qualität in Serie produziert werden. Im Idealfall können sie während der Nutzungsphase an sich verändernde Bedürfnisse (zum Beispiel Familiengröße) angepasst werden. Nach Ende der Nutzungsphase können sie in Einzelmodule demontiert und neu zusammengefügt werden. Serielles Bauen ermöglicht den Einsatz von Robotern und Elementen der Industrie 4.0 und ist damit einer der aussichtsreichsten Wege zur Überwindung des Fachkräftemangels. Es lässt sich sogar für die energetische Sanierung von Gebäuden verwenden. Ein Beispiel dafür ist ein aus den Niederlanden stammendes Verfahren, bei dem zunächst mittels Laserscanner ein genaues digitales Modell des Hauses beziehungsweise der Fassade erstellt wird. Darauf basierend entsteht in der Fabrik ein passendes Vorsatz-Modul. Dieses kann in kurzer Zeit auf der Baustelle montiert werden. Das Modul ist ein Stockwerk hoch, besteht aus Versteifungen, Wärmedämmung und Außenschicht und enthält alle nötigen Fenster und Türen.[17]

Die Bauindustrie ist wegen der Ortsgebundenheit transportintensiv, wobei der LKW dominiert. Hinzu kommt eine Vielzahl unterschiedlicher Baumaschinen: von Baggern und Planierraupen für Bodenarbeiten über Hebezeuge bis zu Pumpen. Die Mehrzahl der Geräte wird heute mit robusten Dieselmotoren angetrieben. Bis 2050 werden klassische Dieselmotoren, die dann mit klimaneutral hergestellten E-Fuels angetrieben werden, immer noch in Ausnahmefällen verwendet. Wie im Transportsektor auch werden die Verbrenner wohl schon wegen ihres thermodynamisch begrenzten Wirkungsgrades zunehmend durch batteriegetriebene Systeme oder durch Systeme mit grünem Wasserstoff als Energieträger und Brennstoffzelle als Energiewandler ersetzt werden. Übergangsweise werden auch Hybridsysteme eingesetzt. Kleinere elektrisch betriebene Baumaschinen wie Minibagger sind heute bereits verfügbar. Größere Geräte befinden sich in der Entwicklung. Portable Ladestationen in unterschiedlichen Größen gehören auf den Baustellen der Zukunft zur Grundausrüstung.

Doch welche Rolle spielt in diesem Zusammenhang die viel gerühmte Digitalisierung? Die Digitalisierung der Bauwerksplanung und Steuerung von Bauprojekten wird bis 2050 zum Standard. Das sogenannte BIM (englisch: Building Information Modeling / deutsch: digitale Bauwerksmodellierung) umfasst die vernetzte Planung, den Bau und die

Bewirtschaftung von Gebäuden und anderen Bauwerken mithilfe von Software. Grundlage ist in der Regel ein digitales Modell des Bauwerkes. Alle digitalen Systeme, die mit dem Bau und der Bewirtschaftung von Gebäuden und Bauwerken befasst sind, werden miteinander vernetzt und modelliert, zum Beispiel Logistik, Materiallisten für die Beschaffung oder die Terminplanung. Auch im späteren Betrieb kann das Modell Anwendung finden.[18] Mit BIM lassen sich nicht nur die Bauprozesse in der Einheit von Planung und Umsetzung optimieren, was Zeit und Geld spart. Die digitalen Systeme verbessern auch den Einsatz nachhaltiger und CO_2-reduzierter Baustoffe und Bautechnologien und damit die Ökobilanz. Im späteren Betrieb ermöglichen sie die Betriebsführung von Heizung, Kühlung und Lüftung und liefern rechtzeitig Informationen zur vorbeugenden Instandhaltung, die wiederum die Lebensdauer verlängern und den Instandhaltungsaufwand senken.

Häuser der Zukunft – welche Häuser werden gebaut?

Wenn es um die Häuser der Zukunft geht, sind die technologischen Möglichkeiten an einer Stelle begrenzt. Nach dem DENA Gebäudereport 2022 sind von den 21,4 Wohn- und Gewerbeobjekten 12,9 Millionen Einfamilienhäuser, 3,2 Millionen Zweifamilienhäuser und ganze 3,3 Millionen Mehrfamilienhäuser. Der Rest entfällt auf Gewerbeimmobilien.[19] Das eigene Haus ist nach wie vor die liebste Wohnform der Deutschen. Dabei ist weitgehend klar, dass gerade das Einfamilienhaus mit einem zentralen Problem behaftet ist, welches sich auch mit den modernsten technologischen Möglichkeiten bestenfalls mildern, aber nicht beseitigen lässt. Einfamilienhäuser verbrauchen schlicht zu viel Fläche und damit Natur. Im Wohnungsbau entfielen 2019 auf den Bau von Einfamilienhäusern etwa 70 Prozent der neu verbrauchten Fläche, auf Zwei- und Mehrfamilienhäuser nur 30 Prozent.[20] Nicht nur der Flächenverbrauch pro Haus ist zu groß. Gebraucht werden auch neue Straßen, Infrastruktureinrichtungen und so weiter. Vor allem dann, wenn auf der grünen Wiese, möglichst abseits vom lärmenden Verkehr, gebaut wird. Trotz dieser eindeutigen Erkenntnis ist nicht absehbar, dass hier bis 2050 ein völliges Umdenken stattfindet. Sollten nicht die explodierenden Baukosten und rigide (und damit politisch kaum durchsetzbare) Genehmigungsvorschriften einen Riegel vorschieben, gehen die Zersiedelung der Landschaft und die Bodenversieglung weiter. Dafür sorgen schon die bei den jungen Generationen genauso vorhandenen Wünsche wie bei den älteren. Angesichts dieser Ergebnisse gehen wir davon aus, dass Häuser für einzelne Familien bis 2050 zwar weniger gebaut werden, aber weiterhin populär bleiben. Was sich ändern wird, ist die Form der Häuser.

Die Entwicklung erfolgt schrittweise vom Passivhaus zum aktuellen Effizienzhaus 40 EE mit einem Anteil an erneuerbarer Energie von mindestens 55 Prozent des Energiebedarfs für Wärme- und Kälteversorgung. Die nächste Stufe ist das Nullenergie-Haus, welches seinen Energiebedarf ausschließlich selbst deckt.[21] Am Ende steht das Netto-Energieplus-Gebäude. Der Standard eines Netto-Energieplus-Gebäudes beziehungsweise Energie-Plus-Hauses[22] wird erreicht, wenn die über ein Kalenderjahr[23] bereitgestellte (Primär-)Energie größer ist als der gesamte (Primär-)Energiebedarf. Der Überschuss, produziert zum Beispiel mit Solarzellen, wird nach außen abgegeben. Häuser werden nach dieser Definition vom Energieverbraucher zum Energieproduzenten. Aber auch das ist nur ein Zwischenstand. Bis 2050 werden neu geplante Häuser sich am Standard des Energie-Plus-Hauses über den gesamten Lebenszyklus messen lassen. Dieser Standard ist erreicht, wenn die mit erneuerbaren Energien produzierten und exportierten Energieüberschüsse größer sind als der (Primär-)Energieverbrauch zum Bau, zur Instandhaltung, zur Sanierung und zum Rückbau des Gebäudes.[24] Der Standard gilt für Häuser aller Art und inzwischen existieren erste Beispiele für öffentliche Gebäude, die diesen Anforderungen genügen.[25] Mit anderen Worten: Auch Geschossbauten und Zweckbauten werden bis 2050 zu Plus-Häusern. Solche Gebäude haben nicht nur eine besonders gute Dämmung, sondern auch eine aktive Wärmerückgewinnung. Hinzu kommen aktive Elemente zur Gewinnung von Umweltenergie von der Solarthermieanlage über Photovoltaik bis hin zur Geothermie. Die oben erläuterten Energieverbräuche werden auch bei der Materialherstellung und den Bautechnologien sowie dem unten noch zu thematisierenden Recycling von Baustoffen berücksichtigt.

Weitgehend unabhängig von der räumlichen Struktur von Wohn- und Zweckbauten ist die Entwicklung zum intelligenten Gebäude durch Digitalisierung. Klimaschutz und Digitalisierung werden oft in einem Atemzug genannt. Der Grundgedanke ist dabei, durch IT-Lösung Prozesse jeglicher Art im Haus energetisch optimal zu fahren. In sogenannten Smart Buildings[26] werden hochmoderne Sensorik, intelligente Automatisierung, Software und Datenauswertung eingesetzt, um das Gebäude flexibel auf den schwankenden Energie- und Komfortbedarf der Nutzer auszurichten.[27] Das betrifft die Steuerung aller Bereiche des Gebäudes, die Einfluss auf den Energieverbrauch und damit auf die CO_2-Freisetzung haben. Beginnend mit der Heizung (Temperaturabsenkung und -erhöhung in Abhängigkeit von den Nutzern) und Lüftung (Messung Luftqualität und Steuerung der Lüftungsanlage) über die Steuerung von Jalousien und Beleuchtung und die Steuerung von Haushaltsgeräten (Laststeuerung zur Nutzung günstiger Stromtarife oder der Energieerträge von PV-Anlagen) bis hin zur Überwachung und Sicherheitstechnik. Dafür kommen moderne Mess- und Steuerungstechnik sowie Computer zur Datenauswertung zum Einsatz.

Sanierung von Bestandsbauten

Aktuell erreicht die Immobilienbranche eine Sanierungsquote von lediglich einem Prozent pro Jahr.[28] Bis zur Sanierung des gesamten Gebäudebestandes würde es bei diesem Tempo 100 Jahre dauern, bis der gesamte Gebäudebestand modernisiert und klimaneutral wird. Technologisch lässt sich die Sanierung durch die Anwendung industrieller Fertigungsmethoden beschleunigen. Das oben genannte Beispiel aus den Niederlanden zeigt, wohin die Entwicklung gehen kann. Wirkliche Durchbrüche lassen sich aber eher mit technologisch standardisierten Vorgehensweisen erreichen, die in großer Breite ausgerollt werden. Grundlage dafür bilden Altersklassen von Häusern mit ähnlichen Eigenschaften, für die übertragbare Konzepte entwickelt werden, welche den Austausch von Heizungen, Maßnahmen zur Wärmedämmung und die Installation von Anlagen zur Gewinnung erneuerbarer Energie als Einheit betrachten. Das alles muss in ökonomisch sinnvollen Konzepten zusammengeführt werden, die den Eigentümern der Gebäude wirtschaftliche Anreize für die Investitionen liefern und auch den Mietern echte Vorteile verschaffen.[29]

Bei der Sanierung steht gegenwärtig die Verringerung des Wärmebedarfs für Heizungszwecke durch zusätzliche Dämmung im Vordergrund. Zukünftig wird die Kühlung beziehungsweise die Verhinderung des Aufheizens von Wohn- und Arbeitsräumen mehr Beachtung finden. Der Klimawandel mit höheren Durchschnittstemperaturen und mehr Sonnenstunden lässt grüßen. Passiver Sonnenschutz an den Außenfassaden wird zum unverzichtbaren Standard. Hinzu kommen – soweit im Altbau möglich – Dach- und Fassadenbegrünungen sowie der Einsatz von thermochromen Fensterscheiben, die sich bei Sonneneinstrahlung verfärben und den Eintrag von Sonnenstrahlung vermindern.

Was wird mit den Bauabfällen?

Die ökologische Umorientierung der Bauwirtschaft erfordert auch einen neuen Umgang mit den Millionen Tonnen an Material, die entweder nach Ende der Nutzungsphase von Gebäuden und anderen Bauwerken oder gewissermaßen als Abfall oder Nebenprodukt zu Beginn der Bauphase anfallen. Nach Daten des Umweltbundesamtes wurden im Jahr 2018 insgesamt 204,2 Millionen Tonnen an Bodenaushub, Baggergut, Gleisschotter, Bauschutt und Straßenaufbruch produziert. Davon entfielen 59,8 Millionen Tonnen auf Bauschutt, von denen 77,9 Prozent recycelt wurden.[30] Bisher werden Bauabfälle mit Ausnahme von Recyclingbeton in erster Linie als Füllstoff verwendet, wodurch wertvolle Baustoffe wie Sand und Kies eingespart werden. Mit einer echten Kreislaufwirtschaft hat das aber noch nicht viel zu tun. Mit einer solchen ließen sich langfristig Bauabfälle um 80 Prozent und der CO_2-Fußabdruck des Bausektors um 70 Prozent reduzieren.[31] Um das zu erreichen, ist bis 2050 eine verstärkte Modulbauweise zu erwarten wie bei dem oben angeführten Beispiel aus den Niederlanden, wodurch Häuser und Zweckbauten geänderten Nutzungsbedingungen angepasst werden können, was ihre Nutzungsdauer verlängert. Wird doch abgerissen, sollen Materialien wie zum Beispiel Beton, Ziegel, Kalksandstein, Gips, Flachglas, Steinwolle oder PVC-Profile (etwa für Fensterrahmen) so aufbereitet werden, dass sie in die Produktion neuer vergleichbarer Baustoffe einfließen.

Wie wir zukünftig heizen und kühlen werden

Auch wenn die Entwicklung bei Neubauten in Richtung Null-Energie-Haus beziehungsweise Energie-Plus-Haus geht, werden Heizen und Kühlen im Jahr 2050 immer noch große Teile der Energiebereitstellung für sich beanspruchen. Grundlagen für eine drastische Senkung des Energieverbrauchs sind die bessere Dämmung der Gebäude sowie der hohe Anteil an Umweltenergie, der direkt für Heizung beziehungsweise Kühlung eingesetzt wird. Vermutlich wird auch der Klimawandel wesentlich dazu beitragen, den Bedarf an Wärme für Heizungszwecke zu senken und den Energieverbrauch für die Kühlung von Gebäuden zu erhöhen.

Bevor Heizungs- und Kühlungsanlagen optimiert werden, haben in der Regel Maßnahmen zur Reduzierung des Verbrauchs an Energie Vorrang. Wie oben dargestellt, hat das Einfluss auf die Architektur und Baugestaltung bei Neubauten und die Sanierung von Altbauten. Für das Thema Heizung gilt diese Forderung heute schon. Beim Thema Kühlung – durch den Klimawandel angesichts der Lebensdauer von Gebäuden eigentlich ein Topthema – gibt es heute noch erheblichen Nachholbedarf, der bis in das Jahr 2050 wirkt. Werden heute Wohnungen aufwändig energetisch saniert, ohne den Wärmeschutz zu berücksichtigen, ist das eine Bausünde, die viele Jahre nachwirkt und später mit hohem Aufwand ausgeglichen werden muss.

Um den Verbrauch von Endenergie für Heizung und Kühlung zu senken, wird zukünftig in hohem Maße Umweltenergie für Heizungszwecke genutzt. In den meisten Fällen muss diese für die Verwendung in Heizungs- und Kühlungsanlagen energetisch aufgewertet werden. Konkret bedeutet das, in Luft oder Wasser enthaltene Umweltenergie auf ein für Heizungszwecke nutzbares Temperaturniveau zu bringen. Typische Beispiele dafür sind mit grünem Strom (oder auch mit grünem Gas) betriebene Wärmepumpen. Je geringer der Aufwand für die energetische Aufwertung ist, desto weniger Endenergie muss dem System durch die externe Energieversorgung zugeführt werden. Umweltenergie für Heizungs- und Kühlungszwecke kann aus verschiedenen Quellen kommen. Die energetische Qualität der Quellen ergibt sich aus der vorliegenden Temperatur, der möglichen Wärmeleistung, der Kontinuität der Wärmebereitstellung und dem Zusammenhang zwischen Außentemperatur und Temperatur des Wärmeträgers. Je näher die Temperatur an der von der Heizungsanlage benötigten Temperatur (Vorlauftemperatur) liegt, desto weniger Endenergie muss aufgewendet werden, um die Umweltenergie für die Heizung verwendbar zu machen. Fließt die Wärme kontinuierlich, so kann weitgehend auf Zwischenspeicherung verzichtet werden.

Welche Energiequellen werden wir verwenden?

Betrachten wir zunächst geothermische Anlagen. Oberflächennahe Geothermie basiert meist auf Bohrungen bis 400 Meter Tiefe. Typisch sind Bohrungen bis 100 Meter Tiefe, die Wasser mit einer Temperatur von etwa 12 Grad Celsius liefern.[32] Es sind aber auch deutlich geringere oder höhere Temperaturen möglich und auch die Tiefe der Bohrungen für die Wärmegewinnung kann wesentlich niedriger liegen. Die so gewonnene Wärme ist gleichermaßen einsetzbar für Heizung und Kühlung. Ihre Nutzung erfordert Erdwärmepumpen, die in der Regel mit grünem Strom angetrieben werden. Thermalwasserführende Gesteine in Tiefenlagen zwischen 400 und 5.000 Metern weisen ein Wärmepotenzial mit Temperaturen zwischen 15 und 180 Grad Celsius auf. Damit könnten etwa 25 Prozent des Gesamtwärmebedarfs in Deutschland abgedeckt werden. Einsetzbar sind diese Potenziale für die kommunale Wärmeversorgung, Fernwärme, Wohnungswirtschaft und die Bereitstellung industrieller Prozesstemperaturen.

Abwasser aus Unternehmen und Haushalten ist eine über das ganze Jahr verfügbare, allerdings bisher kaum erschlossene Wärmequelle.

Nach Schätzungen könnten etwa 6 Prozent aller Gebäude in Deutschland damit beheizt werden. Theoretisch könnte mit der in den Abwasserkanälen vorhandenen Abwasserwärme bereits heute 8,9 Prozent des deutschen Energiebedarfs für Raumwärme und Warmwasser gedeckt werden.[33] Abwärme im Abwasser kann prinzipiell am Entstehungsort in Gebäuden über Wärmetauschersysteme oder aus Abwasserkanälen mittels Wärmepumpe erschlossen werden. Auch Industrieanlagen, Kraftwerke oder Rechenzentren liefern (ungewollt) große Wärmemengen, die auf eine Erschließung warten.

Riesige Wärmemengen kann theoretisch auch die Solarthermie – die Umwandlung von Sonnenstrahlung in Wärme – liefern. Wird der Heizenergiebedarf der Gebäude um zwei Drittel gesenkt, könnte die Sonne über 50 Prozent des verbleibenden Wärmebedarfs für Heizungszwecke decken.[34] Sie steht allerdings in Konkurrenz mit der Gewinnung von Strom aus Sonnenstrahlung (Photovoltaik) und der gerade in Städten dringend erforderlichen Dachbegrünung. Solarthermie wird sich daher vermutlich relativ langsam verbreiten.

Große Hoffnungen setzen Betreiber von traditionellen Gasheizungen auf den Einsatz von Biogas. Tatsächlich würde eine Umstellung auf Biogas bei den Gasversorgern und den Endkunden die geringsten Investitionen und Umrüstungen benötigen. Leider ist diese Hoffnung unrealistisch. Denn der Anbau von Pflanzen für die Biogasproduktion konkurriert mit der Nahrungsmittelproduktion und problematisch ist die von der konventionellen Landwirtschaft ausgehende Gefährdung von Boden, Flora und Fauna. Das Deutsche Biomassezentrum kommt im Jahr 2022 zu der Feststellung, dass sich der Beitrag zur gasbasierten Wärmeerzeugung nur geringfügig von 2 Prozent auf circa 3 Prozent ausweiten lässt.[35] Biogas wird 2050 vorzugsweise aus Pflanzenabfällen und Abfällen der Tierproduktion (Kot, Gülle) produziert, was die Bereitstellung ausreichender Mengen für Heizungszwecke unwahrscheinlich macht.

Ähnliches gilt auch für den Einsatz von Holz für Heizungszwecke. Bei der oben erfolgten Betrachtung unterschiedlicher Baustoffe sind wir zu dem Ergebnis gekommen, dass Holz so weit wie möglich im Bausektor zum Einsatz kommen sollte. Auf diese Weise lässt es sich zur Speicherung von CO_2 über die nächsten 30 bis 50 Jahre am besten nutzen. Dem Klima ist es egal, ob wir Brennstoffe nutzen, die vor Millionen Jahren oder vor 50 Jahren CO_2 gespeichert haben. Der momentane Einsatz von Holz für Heizungszwecke wird aus dieser Sicht bis 2050 deutlich zurückgefahren, was auch Holzpellet-Heizungen betrifft.

Bleibt als letzter und mit großen Hoffnungen befrachteter Energieträger für Heizungszwecke noch grüner Wasserstoff. Er ist klimaneutral, kann mit zum Teil schon vorhandenen und umrüstbaren Anlagen gespeichert und transportiert werden und eignet sich auch für die Verbrennung in Anlagen, die den heutigen Heizungsanlagen ähneln. Alternativ stehen Brennstoffzellen zur Verfügung, die gleichermaßen Strom und Wärme produzieren. Außerdem ist es möglich, grünen Wasserstoff in noch besser und einfacher transportierbare und speicherbare Derivate wie eMethan und eAmmoniak umzuwandeln. Diese Eigenschaften führen dazu, dass diskutiert und erprobt wird, Wasserstoff sowohl in Einzelheizungen als auch für die Wärmeerzeugung in Fernwärmesystemen einzusetzen. Wir gehen davon aus, dass grüner Wasserstoff 2050 für Heizungszwecke nur in Ausnahmefällen eine Rolle spielen wird.[36] Denn grüner Wasserstoff hat einen entscheidenden Nachteil: Er wird mit einem Wirkungsgrad von aktuell 70, zukünftig vielleicht 80 Prozent aus grünem Strom erzeugt. Grüner Strom ist aber permanent knapp, denn er ist das Lebenselixier der dekarbonisierten Gesellschaft. Also ist es sinnvoll, den grünen Strom so optimal wie möglich einzusetzen, bevor er zur Herstellung von grünem Wasserstoff benutzt wird. Im Heizungssektor ist dieses optimale Einsatzfeld eindeutig die Wärmepumpe, die je nach Bauart 3- bis 5-mal so viel Heizenergie bereitstellt, wie grüner Strom zugeführt wird. Ändern könnte sich das, wenn langfristig große Mengen grüner Wasserstoff importiert werden, die dann über bestehende Gasnetze verteilt werden.

Welche Technik werden wir zur Heizung und Kühlung verwenden?

Welche Technologien werden im Jahr 2050 dominieren, wenn es um die Deckung des verbleibenden Restbedarfs an Energie zu Heizungs- oder Kühlungszwecken geht? Ob dieser Restbedarf bei 30, 50 oder

70 Prozent des aktuellen Bedarfs liegt, hängt von den Fortschritten beim Neubau und vor allem der Sanierung des Gebäudebestandes ab. Eine zentrale Rolle bei der Deckung des Wärmebedarfs wird auf jeden Fall die mit grünem Strom betriebene Wärmepumpe spielen. Die Entwicklung von Wärmepumpen hat in den letzten Jahren eine fast unglaubliche Dynamik bekommen. Wurde sie in der Vergangenheit vorwiegend in besonders gut gedämmten Häusern mit großen Niedertemperatur-Flächenheizungen eingesetzt, stehen heute hoch entwickelte Systeme für die unterschiedlichsten Einsatzzwecke zur Verfügung. Die Industrie setzt enorme Summen ein, um die Systeme weiter zu vervollkommnen. Bis 2050 soll nach der Agora Energiewende in Deutschland ein Bestand von 10 bis 17 Millionen Wärmepumpen erreicht werden.[37]

Was möglich ist, zeigt ausgerechnet das in nördlichen Breiten liegende Musterland Norwegen. Dort heizen 604 von 1.000 Haushalten mit Wärmepumpen. In dem kleinen Land sind 1,4 Millionen Wärmepumpen installiert. Auch Schweden (427 von 1.000 Haushalten) und Finnland (408 von 1.000 Haushalten) schneiden ähnlich gut ab.[38]

Das Angebot an Wärmepumpen ist schon heute enorm breit und die Entwicklung geht weiter. Nach der Art der Energiequelle werden Kompressionswärmepumpen (Antrieb mit Strom, Einsatz in Wohngebäuden) und Absorptionswärmepumpen[39] (Antrieb mit Gasbrenner oder Hochtemperaturabwärme, Einsatz in Industrieanlagen und Fernwärmesystemen) unterschieden. Im Wohnbereich werden heute auch Hybridwärmepumpen verbaut, die bei sehr tiefen Lufttemperaturen die notwendige Zusatzheizung nicht über elektrische Heizstäbe, sondern über Gas- oder Ölbrenner erzeugen.[40] Die Quelle der Umweltenergie ist Unterscheidungskriterium für die Einteilung in Luft-Wasser-Wärmepumpen (Luft als Quelle), Sole-Wasser-Wärmepumpen (Erdwärme als Energiequelle) und Wasser-Wasser-Wärmepumpen (Grundwasser als Wärmequelle).[41] Aber können Wärmepumpen auch im Altbau eingesetzt werden? Abgesehen davon, dass moderne Luft-Wasser-Wärmepumpen bereits heute die im Altbau notwendige Vorlauftemperatur bereitstellen, zeigen Wissenschaftler vom Fraunhofer ISE: Wärmepumpen funktionieren auch im Bestand! Sie können auch an kalten Tagen ausreichend Heizwärme liefern. Die Wissenschaftler widerlegen auch ein anderes Vorurteil. Die Autoren schreiben, dass Theorie und Praxis übereinstimmend zeigen, dass die Heizstabanteile (elektrische Zusatzheizung mit einem Heizstab) im Betrieb von korrekt geplanten und ausgelegten Wärmepumpenanlagen 3 Prozent nicht übersteigen. In den allermeisten Fällen liegen sie sogar unter einem Prozent. Damit wird die Sorge entkräftet, Wärmepumpen könnten an kalten Tagen durch den massenhaften Einsatz als Elektrodirektheizung das System der Elektroenergieversorgung zum Kollabieren bringen. Wärmepumpen haben auch ökonomisch mit Gasheizungen gleichgezogen. Mit der gängigen Effizienz (Jahresarbeitszahl) von 3,5 sind sie schon beim heutigen Preisgefüge in Deutschland ökonomisch vorteilhaft gegenüber einer Gasheizung.[42] Die Effizienz beschreibt dabei das Verhältnis zwischen jährlich produzierter Wärmemenge (für Heizung und Warmwasser) und dafür eingesetzter Strommenge.[43]

Wie sieht es aus mit Fernheizungen? In Deutschland heizten im Jahr 2021 etwa 14 Prozent aller Häuser und Wohnungen mit Fernwärme. Der Anteil erneuerbarer Energien für ihren Betrieb lag nur bei rund 17 Prozent.[44] Aktuell ist nicht klar, wie schnell in Deutschland der Anteil der Fernwärme angesichts der hohen Investitionen signifikant steigt. Für eine Steigerung spricht die Verpflichtung der Kommunen, verbindliche Wärmepläne zu erstellen, was deutliche Anreize zum Ausbau der Wärmenetze setzt. Auf jeden Fall wird sich aber die bevorzugte Energiequelle ändern. Werden die heute üblichen Gasheizwerke – oft mit Wärme-Kraft-Kopplung – aus Gründen des Klimaschutzes, aber auch wegen explodierender Gas- und Heizölpreise vom Netz genommen, so werden sie durch Technologien ersetzt, mit denen Umweltwärme erschlossen werden kann.

Dazu gehören Großwärmepumpen, welche die Abwärme von Abwasser erschließen. In Schwedens Hauptstadt Stockholm nutzen sieben Pumpen die Wärme des gereinigten Abwassers der kommunalen Kläranlage, um Wasser für das Wärmenetz aufzuheizen. Versorgt werden knapp 95.000 Häuser und Wohnungen. In Schweden stammen 80 Prozent der Fernwärme aus erneuerbaren Quellen, in Norwegen sind es sogar 91 Prozent.[45] Wärmequellen für Fernheizsysteme sind auch Solarthermieanlagen verbunden mit Wärmespeichern.

Während der Ausbau von Fernwärme nur langsam vorangeht, werden sich Fernkälteleitungen mit höherer Geschwindigkeit verbreiten. Beispiele dafür finden sich schon heute in verschiedenen Städten wie Wien, Chemnitz, Gera oder Paris.[46] Sie dienen bisher bevorzugt der Raumkühlung in gewerblich genutzten Räumen oder industriellen Zwecken. Fernkälte benötigt für die gleiche Kühlwirkung bis zu 70 Prozent weniger Strom als dezentrale, konventionelle Hausklimaanlagen.

Besonders in Fernwärmeanlagen werden Wärmespeicher bei Nutzung fluktuierender Wärmequellen (zum Beispiel Solarthermie) wichtiger. Sie gleichen Schwankungen zwischen einzelnen Tagen aus und werden zukünftig auch saisonale Unterschiede des Wärmeanfalls ausgleichen. Die Speicherung von Wärme über mehrere Tage erfolgt über Heißwasserspeicher. Ein solcher auf die Zukunft ausgerichteter Speicher, der als Ergänzung des mit Gas betriebenen Heizkraftwerkes gebaut wurde, steht in Halle (Saale). Der Heißwasserspeicher nach dem Prinzip einer riesigen Thermoskanne hat einen Durchmesser von 40 Metern, ist 45 Meter hoch und fasst 50.000 Kubikmeter Wasser, welches mit minimalen Wärmeverlusten von 0,07 Prozent mehrere Tage gespeichert werden kann.[47] Andere Speichertypen sind Kies-Wasser-Wärmespeicher (gedämmte Behälter mit Kies-Wasser-Gemisch), Erdsonden-Wärmespeicher (Boden in bis zu 100 Meter Tiefe wird erwärmt) und Aquifer-Wärmespeicher (Grundwasser und Erde werden erwärmt – funktioniert nur mit stehendem Grundwasser).[48] Für die Speicherung von Wärme über mehrere Monate werden andere Technologien benötigt. Geeignet sind verlustarme Latentwärmespeicher. In ihnen wird der physikalische Effekt des Phasenwechsels genutzt. Ändert ein Speichermedium seinen Phasenzustand (fest-flüssig), so nimmt es dabei Wärme auf oder gibt sie ab. Der Wechsel des Phasenzustandes zur Wärmeabgabe kann dabei Monate nach dem Phasenwechsel bei der Wärmeaufnahme erfolgen und es können große Wärmemengen gespeichert werden. Bisher erprobte Speichermedien sind zum Beispiel Wasser (sogenannte Eisheizung), Paraffin oder Salz. Zukünftig ist mit deutlichen Fortschritten bei der Forschung und einem Ausbau der praktischen Anwendung von Latentwärmespeichern, vor allem im Bereich der Fernwärmeversorgung, zu rechnen.[49]

6. Zukunft Landwirtschaft und Ernährung

Im Kino

Das Licht geht aus und der Werbefilm zur Landwirtschaft beginnt. Blauer Himmel und ein bis zum Horizont reichendes Getreidefeld. Dicke Ähren, die sich sanft im Wind bewegen. Auf dem Feld riesige Mähdrescher im Einsatz. Beim näheren Hinsehen wird deutlich, dass die Fahrerkabinen leer sind. Genau wie bei den fast ebenso riesigen Traktoren, auf deren Anhänger das goldgelbe Getreide umgeladen wird. Lediglich am Feldrand steht ein einzelner Mensch mit einer Fernsteuerung. Er oder sie überwacht die Mähdrescher und Traktoren genauso, wie er oder sie einige Tage später die Traktoren mit den nicht weniger riesigen Pflügen und die Düngerstreuer bedient. Wochen vorher hingen an den Traktoren Spritzwagen, die wahlweise Herbizide, Fungizide und Insektizide ausgebracht haben – alles GPS-gesteuert und mit einem Einsatz von Dünger, Wasser und Pflanzenschutzmitteln aller Art, der über Künstliche Intelligenz genau auf die jeweilige Wachstumsphase, die Bodenbeschaffenheit und das Wetter ausgerichtet ist. Hightech eben. Nichts mehr zu sehen von der Landwirtschaft unserer Vorväter.

Landwirtschaft und Ernährung als Bestandteil(e) der fünften industriellen Revolution

Der oben beschriebene Film beschreibt eine Landwirtschaft, die viele vor Augen haben, wenn es um moderne landwirtschaftliche Produktion geht. Technisch hochgerüstet wie die modernsten Industriebetriebe – und genauso sauber und effektiv. Alles ist planbar, steuerbar und kann nach den Vorstellungen der wenigen noch in der Landwirtschaft beschäftigten Menschen gestaltet werden. Nur das Wetter funkt manchmal dazwischen. Eine solche »industrielle« Landwirtschaft passt auf den ersten Blick genau zu den Vorstellungen einer industriellen Revolution, die in erster Linie durch neue technologische Verfahren, revolutionäre Maschinen, durchgängige Digitalisierung und Einsatz von KI geprägt ist. Alles mit dem Ziel der radikalen Dekarbonisierung und dem völligen Verzicht auf den Ausstoß klimaschädlicher Gase.

Bei näherem Hinschauen wird deutlich, dass dieses Bild der Landwirtschaft trügt. Die Maschinen mögen noch so groß sein, der Einsatz von KI noch so beeindrucken – am Ende ist die gesamte Technologie nur »Ermöglicher« für biologische Prozesse, die ihren eigenen Gesetzlichkeiten folgen. Mit anderen Worten, die bestimmenden Arbeitsmittel in der Agrarproduktion sind biologische Systeme sowie der Boden. Tiere und Pflanzen produzieren die vom Menschen gewünschten Produkte. Dabei folgen sie biologischen Rhythmen und Zyklen, die nicht einfach umprogrammiert oder neu ausgerichtet werden können. Der Zeitraum von der Aussaat über das Keimen des Korns, das Wachstum der Halme, die Bildung der Ähren bis zu deren Reifen ist im genetischen Code festgeschrieben und lässt sich nur über Züchtung beziehungsweise Genmanipulation grundlegend ändern. Dabei hat der Mensch an manchen Stellen schon tief in die Naturvorgänge eingegriffen, was sich zum Beispiel an den Unterschieden zwischen den Entwicklungsprozessen früherer Haushühner und den heute in der industriellen Mast eingesetzten Masthähnchen zeigt. Letzteres lebt ganze 28 bis 42 Tage bis zur Schlachtung. Früher dauerte das wesentlich länger.

Vergleicht man technische und biologische Systeme, zeigen sich weitere Unterschiede. Technische Systeme sind nicht nur stofflich und energetisch offen. Sie können auch in weiten Grenzen gesteuert werden. Bei biologischen Organismen ist die Steuerbarkeit weit begrenzter. Sie bewegt sich in den Grenzen dessen, was der genetische Code vorgibt. Bei aller Selbstständigkeit der biologischen Prozesse sind die sie begleitenden technologischen Prozesse natürlich nicht wegzudenken. Sie verlaufen parallel zu den Naturprozessen, sind aber nicht unmittelbar produktbildend. Vielmehr optimieren sie die in den biologischen Produktionssystemen ablaufenden Naturprozesse. Dabei können sie einerseits Bedingungen für deren Wachstum schaffen (zum Beispiel durch Düngung, Pflanzenschutz, Fütterung von Tieren) oder sie wirken andererseits selbst direkt auf die biologischen Systeme ein, wie das bei der Ernte von Getreide, dem Verschneiden von Obstbäumen, aber auch beim Schlachten von Tieren der Fall ist. Eine besondere Rolle spielt dabei der Boden, den man wahlweise als lebendes System oder als Ökosystem mit unglaublicher Vielfalt verstehen kann. In einem Teelöffel Boden, so schreibt das Umweltbundesamt, leben etwa eine

Million Bakterien, 120.000 Pilze und 25.000 Algen.[1] Wechselt man die Betrachtungsebene, so kommen Milben, Tausendfüßler und Regenwürmer hinzu. Boden und Pflanzen leben in einem symbiotischen Verbund zum gegenseitigen Nutzen, der weit über den bloßen Standort hinausgeht. Diese Wechselwirkung ist der Grund, warum Pflanzen ohne Boden mit ausreichender Biodiversität auf Dauer nicht gedeihen können und im Umkehrschluss die Pflanzen selbst und alle technologischen Maßnahmen die Biodiversität und damit die Qualität des Bodens beeinflussen.

Was aber passiert zwischen Technik, biologischen Organismen und dem Boden? Eine Antwort liefert wieder die allgemeine Technologie. In der allgemeinen Technologie werden insgesamt fünf Funktionen der Technologie in landwirtschaftlichen Produktionsprozessen unterschieden, die gleichermaßen für die Tier- und Pflanzenproduktion zutreffen. Sie umfassen die optimale Nährstoffversorgung (zum Beispiel Düngung, Fütterung), die Sicherung günstiger Standortbedingungen (zum Beispiel Bodenbearbeitung wie Pflügen, Stallbeleuchtung und Klimatisierung), die Pflege und Hygiene der biologischen Systeme (zum Beispiel Pflanzenschutz, Säubern von Tieren), die Produktgewinnung (Ernte, Schlachtung) und schließlich die Produktaufbereitung und Vorratshaltung (zum Beispiel Trocknen Getreide, Kühlung Fleisch oder Eier). Alle diese Funktionen werden heute mit Maschinen und Anlagen realisiert, die sich kaum von denen in der Industrie unterscheiden – außer, dass sie eben nicht der Produktbildung dienen, sondern nur Rahmenbedingungen schaffen.

Landwirtschaft und Umwelt

Vor mehr als 180 Jahren hat Justus von Liebig mit seinem unter dem Kurztitel »Agrikulturchemie« bekannten Buch die Grundlagen für die Anwendung künstlicher Dünger geschaffen. Der Übergang zu Kunstdünger und wissenschaftlich fundierten Anbaumethoden hatte für die Produktivität der Landwirtschaft und Ernährung ähnliche Folgen wie die Nutzung fossiler Brennstoffe für die industrielle Entwicklung. Künstlicher Dünger, neue Anbaumethoden und mit fossilen Brennstoffen betriebene Maschinen erhöhten die Produktivität und verhinderten angesichts deutlich steigender Bevölkerungszahlen dramatische Hungersnöte in Europa.

Beide hingen unmittelbar zusammen, denn fossile Rohstoffe bildeten die Grundlage für die Herstellung von Mineraldünger, für den Betrieb von landwirtschaftlichen Maschinen und schufen auch die nötigen Freiräume für die Entwicklung der Agrarwissenschaft und der fortschrittlichen Agrarpraxis. Identisch war auch die Verbindung der Fortschritte mit sich langsam ansammelnden Umweltschäden, die heute dramatische Formen annehmen und das Leben der Menschheit bedrohen.

Jetzt stehen beide wieder vor einem grundlegenden Umbruch. In der Industriegesellschaft beziehungsweise der sie ablösenden Wissensgesellschaft ist dieser Umbruch klar erkennbar. Im Fokus steht der vollständige Verzicht auf fossile Brennstoffe mit dem Ziel der Dekarbonisierung. In der Landwirtschaft gestaltet sich der Übergang wesentlich diffiziler. Auch sie muss sich so weit es geht von Produktionsmethoden trennen, die klimaschädliche Gase freisetzen und den Klimawandel befeuern. Im Jahr 2021 hatte die Landwirtschaft nach Angaben des Umweltbundesamtes einen Anteil von 7,4 Prozent an den deutschen Treibhausgasemissionen. Treibhausgase sind dabei in erster Linie Methan aus Verdauungsprozessen von Wiederkäuern und der Lagerung von Gärresten, zum Beispiel aus Biogasanlagen. Hinzu kommt Lachgas aus der Ausbringung von mineralischen und organischen Düngern auf landwirtschaftliche Böden. Der Anteil erhöht sich durch für die Landwirtschaft ablaufende Verbrennungsprozesse in Fahrzeugen und stationären Anlagen auf 8,3 Prozent der Gesamtemissionen.[2]

Die Bedeutung der aktuell praktizierten Landwirtschaft für die Gefährdung der Lebensgrundlagen auf der Erde geht aber weit über die Freisetzung klimaschädlicher Gase hinaus. Kaum bestreitbar ist die Rolle der Landwirtschaft für die Zerstörung der Biodiversität der Erde. Lange Zeit galt die Landwirtschaft in Europa als Garant für die Arten- und Biotopvielfalt in offenen Kulturlandschaften. Die Industrialisierung von Ackerbau und Viehzucht hat das grundlegend geändert. Flurgehölze oder Blühstreifen verschwinden und massiver Einsatz von Dünger und Pflanzenschutzmitteln vernichtet die Lebensgrundlagen für wildlebende Pflanzen und Tiere. Eine Studie des Weltbiodiversitätsrates (IPBES) schätzt, dass bis zu einem Drittel der weltweiten landwirtschaftlichen Produktion aufgrund des Verlusts der Biodiversität gefährdet ist.[3]

Eine für alle sichtbare Folge ist das Insektensterben, welches entscheidend von der industriellen Landwirtschaft beeinflusst wird. Zu diesem Ergebnis kommt unter anderem eine Metastudie, in der 73 Studien weltweit ausgewertet wurden, wobei die Schwerpunkte in Europa und Nordamerika lagen.[4] Mit dem Insektensterben zerstört die aktuelle Form der Landwirtschaft ihre eigenen Grundlagen, da die Bestäubung durch wildlebende Insekten für viele Kulturen essenziell ist. Fehlen sie, brechen die Erträge ein. Die Landwirtschaft wirkt dabei nicht nur auf die von ihr genutzten Böden. Auch Schutzgebiete sind von Düngung und Pflanzenschutzmitteln zunehmend betroffen. Die in wissenschaftlichen Studien ermittelten möglichen wirtschaftlichen Auswirkungen der Zerstörung der Biodiversität erreichen dabei fast die des Klimawandels. Laut einer Studie des UN-Berichts »The Economics of Ecosystems and Biodiversity« (TEEB) kann der Verlust der Biodiversität in den nächsten Jahrzehnten zu einem Rückgang des globalen Bruttoinlandsprodukts (BIP) um bis zu 7 Prozent führen.[5] Die Folgen des Klimawandels auf die Reduzierung des globalen BIP bis zum Jahr 2100 werden auf bis zu 10 Prozent taxiert.

Wie die industrielle Landwirtschaft sich auf ihr Hauptproduktionsmittel, den Boden, auswirkt, ist nicht so einfach darzustellen. Die Eignung des Bodens für Pflanzenwachstum, die Bodenfruchtbarkeit, ist dessen wichtigste Eigenschaft. Die Einflussfaktoren sind komplex und umfassen den Gehalt an nährstoffreichem Humus sowie die mineralische Zusammensetzung des Bodens. Auch der pH-Wert des Bodenwassers hat Einfluss.[6] Besonders der Humusgehalt ist bedeutsam, ist er doch auch ein Maß für im Boden gespeicherten Kohlenstoff. Modelle zeigen, dass für 90 Prozent der Standorte in Deutschland der Gehalt an organischem Kohlenstoff relativ konstant ist.[7] Was sich ändert, ist die Bodendichte durch schwere landwirtschaftliche Maschinen und die Abschwemmung von Boden gerade bei großen Ackerflächen.

Die Landwirtschaft gefährdet zudem Grundwasser, stehende Gewässer und Fließgewässer. Zu nennen sind insbesondere erhöhte Nitratgehalte im Grundwasser durch Stickstoffdünger, die Eutrophierung (eine meist anthropogene Erhöhung des Nährstoffgehalts) von Gewässern durch erhöhten Phosphorgehalt, die Ansammlung von Pflanzen- und Insektengiften im Wasser, die Konzentration von Antibiotikaresten und multiresistenten Keimen aus der Tierproduktion und so weiter. Gefährdet ist nicht nur die Umwelt, sondern auch die menschliche Gesundheit, die sich durch bestimmte Schadstoffkonzentrationen direkt verschlechtert. Um zumindest die Qualität des Trinkwassers entsprechend den Normen in Deutschland zu garantieren, werden die Anlagen in den Klärwerken immer aufwändiger. Gefordert wird zum Beispiel eine vierte Klärstufe, die – wenn auch mit enormen Kosten – in der Lage ist, auch Spurenstoffe in geringer Konzentration zu eliminieren. Spurenstoffe stammen aus Arzneimitteln, Kosmetika, Reinigungsmitteln und anderen Haushalts- und Industriechemikalien.

Gibt es eine Lösung?

Macht die Landwirtschaft weiter wie heute, wird sie zur Gefahr für das Überleben der Menschheit und für sich selbst. Die Gefahren sind nicht geringer als die vom Klimawandel ausgehenden Probleme, zumal sich beide Entwicklungen gegenseitig aufschaukeln. Ein Umbau ist also dringend angesagt. Gleichzeitig muss aber gewährleistet werden, dass die Ernährung von acht Milliarden Menschen sicher ist und auch steigende Erwartungen an die Qualität der Ernährung bedient werden können.

Die Menschheit steckt hier in einem Dilemma, das viele Gemeinsamkeiten mit dem Klimawandel hat, aber möglicherweise noch schwerer gelöst werden kann. Ähnlich wie beim Klimawandel geht es um die Neustrukturierung von Wirtschaftssystemen, die einerseits mindestens ein Jahrhundert lang relativ gut funktionierten, andererseits enorme Risiken angehäuft haben, die sich jetzt zeigen. Der Eingriff in die etablierten Wirtschaftssysteme trifft in beiden Fällen auf den gut organisierten Widerstand mächtiger Gruppen von Akteuren, die keineswegs bereit sind, ihre Privilegien kampflos aufzugeben. In beiden Fällen ist die Bevölkerung gespalten und wird auf allen Kommunikationswegen »bearbeitet«, für den Erhalt der tradierten Systeme einzutreten – selbst dann, wenn diese geradewegs in den Abgrund führen. Trotzdem muss etwas Neues her, aber wie diese neue Wirklichkeit der Agrarproduktion aussehen wird, ist noch mehr umstritten als die Neuausrichtung der industriellen Produktion im Zeichen der Dekarbonisierung.

Für unsere Betrachtungen zur fünften industriellen Revolution ist die Frage, wie dieses »Neue« aussieht, entscheidend für die Antwort, welche Technologien zukünftig zum Einsatz kommen. Denn wie oben dargestellt, ist die Technologie verantwortlich für die Schaffung von Bedingungen für die biologischen Prozesse. Im Umkehrschluss ist die Art der landwirtschaftlichen Prozesse richtungsweisend für die Agrartechnologie von Gegenwart und Zukunft. Bei der Suche nach Lösungen wird sehr schnell klar, dass es viele interessante Ansätze gibt, die bis 2050 nur einen relativ geringen Anteil an der Produktion von Nahrung und biologischen Industrierohstoffen erreichen werden. Dazu gehören solche Konzepte wie das *Urban Gardening*, die Produktion von Proteinen aus Luft und Energie[8] oder aus Luft mithilfe von Mikroben.[9] Wir gehen weiter unten noch auf einige ein.

Die wirklichen Gegenspieler für die Landwirtschaft der Zukunft sind aber die industrielle Landwirtschaft und die ökologische Landwirtschaft. Mit anderen Worten: Die ökologische Landwirtschaft gilt als Alternative zur heute dominierenden industriellen Landwirtschaft. Dazwischen bewegt sich die bäuerliche Landwirtschaft in kleinen und mittleren Höfen, die entweder ökologisch oder industriell produzieren. Der falsche Weg, um die Produktionsformen zu vergleichen, ist, die Umweltfolgen der Herstellung einzelner landwirtschaftlicher Produkte an Beispielen zu benennen und auf dieser Basis die ökologischen Folgen unterschiedlicher Anbaumethoden zu beurteilen. Das kann zwar im Einzelfall durch Berücksichtigung von Faktoren wie Transportentfernungen oder Aufwendungen für die Lagerhaltung sehr differenzierte Ergebnisse liefern. Es geht vielmehr um die generelle Bewertung der Anbaumethoden, das kann nur die Wissenschaft leisten.

Die industrielle Landwirtschaft folgt, wie der Name schon sagt, industriellen Maßstäben. In der Pflanzenproduktion bedeutet das möglichst große Flächen, die Anwendung von Kunstdünger und Pflanzenschutz und den Einsatz modernster Maschinen, die mit geringstem Personaleinsatz eine möglichst hohe Produktivität erreichen. Mit der Kombination des Herbizides Glyphosat mit möglichst großen Flächen und hocheffektiven Landmaschinen hat diese Produktionsweise einen vorläufigen Höhepunkt erreicht. Glyphosat ist ein sogenanntes »Totalherbizid«. Nach Angaben des BUND tötet es jede Pflanze, die nicht genetisch so verändert wurde, dass sie den Herbizideinsatz überlebt.[10] Auf einer mit Glyphosat behandelten Ackerfläche wächst also nur, was ausdrücklich dafür optimiert ist. Gut für die Produktivität, aber problematisch für die Umwelt. Denn kilometerlange Monokulturen zerstören jede Form von Biodiversität bei Pflanzen und dadurch gleich noch mit bei Insekten.

Zur industriellen Landwirtschaft gehört der Einsatz von IT bis hin zur Künstlichen Intelligenz zur Optimierung von Düngung, Pflanzenschutz und Arbeitsabläufen. In der Tierproduktion dominiert die Massentierhaltung mit weitgehend automatisierten Arbeitsabläufen.

Ökologische Landwirtschaft ist anders. Die Flächen sind kleiner und bieten Raum für Feldraine und Blühstreifen. Angestrebt werden geschlossene Stoffkreisläufe durch die sinnvolle Verbindung von Tier- und Pflanzenproduktion. Auf chemisch-synthetischen Mineraldünger soll möglichst verzichtet werden. An seine Stelle treten die Abfälle aus der Tierproduktion und der gezielte Anbau von bestimmten Pflanzen, die Stickstoff binden und dem Boden zurückgeben. Der Boden wird möglichst schonend bearbeitet und berücksichtigt den Pflanzenschutz.[11] Gentechnologie ist verpönt und es wird Wert gelegt auf die Erhaltung bewährter Sorten im Pflanzenbau und Rassen in der Tierhaltung, die eine gewisse Genvielfalt garantieren. Das klingt für manche ziemlich utopisch, wurde aber 2021 bereits von 14 Prozent der Betriebe auf 10,9 Prozent der gesamten landwirtschaftlichen Nutzfläche praktiziert.[12] Bis 2030 sollen in Deutschland 30 Prozent erreicht werden.

Die Frage ist nur, ob die ökologische Landwirtschaft die an sie gerichteten Erwartungen wirklich erfüllen kann. Oder schafft sie zusätzliche Risiken, ohne die bestehenden zu lösen, und führt noch tiefer in die Krise?

Industrielle und ökologische Landwirtschaft im direkten Vergleich

Aktuell werden konventionelle und ökologische Landwirtschaft oft als gleichrangig einander gegenübergestellt, bei denen die persönliche Überzeugung der Produzenten ausschlaggebend ist. Auf der Verbraucherseite gelten ökologische Lebensmittel oftmals als etwas Elitäres, was einer bestimmten Bevölkerungsgruppe zugeordnet wird. Zudem gelten ökologische Lebensmittel als gesünder. Bei den Umweltwirkungen wird vor allem das Tierwohl thematisiert. Eine relativ geringe Rolle spielen die teilweise desaströsen Auswirkungen der industriellen Landwirtschaft auf die Umwelt.

Stattdessen wird betont, dass die ökologische Landwirtschaft niedrigere Erträge pro Flächeneinheit erwirtschaftet mit der Schlussfolgerung, dass sie nicht in der Lage ist, ausreichend Nahrungsmittel und biologische Industrierohstoffe zu produzieren. Tatsächlich bestätigen wissenschaftliche Studien zumindest zum Teil die Produktivitätsnachteile der ökologischen Landwirtschaft. Eine Meta-Analyse von 66 Studien aus Europa und Nordamerika ergab, dass der Ertrag von Getreide in der ökologischen Landwirtschaft im Durchschnitt um 20 Prozent niedriger war als in der konventionellen Landwirtschaft, während der Ertrag von Obst und Gemüse im Durchschnitt um 19 Prozent niedriger lag.[13] Eine andere Meta-Analyse von 115 Studien aus Europa ergab ähnliche Ergebnisse.[14] Für Norddeutschland konnten interessanterweise für Weizen, Gerste und Raps fast gleiche Ergebnisse für beide Anbauformen nachgewiesen werden.

Die etwas geringere Produktivität ist kaum zu bestreiten, aber für Europa und insbesondere für Deutschland könnte schon durch die Reduzierung des Anbaus von Pflanzen für energetische Zwecke (Weizen, Zuckerrüben, Gerste für Biosprit E10, Raps für Biodiesel, Mais für Biogas) dieser Nachteil größtenteils ausgeglichen werden. In Deutschland wurden 2022 auf 14 Prozent der landwirtschaftlichen Nutzfläche Energiepflanzen angebaut.[15] Ohnehin ist die Energiegewinnung über den Acker die denkbar schlechteste Variante. Sowohl bei der Gewinnung von Strom als auch bei Wärme und Treibstoffen ist die Energiegewinnung mit Solar- oder Windenergieanlagen um ein Vielfaches ertragreicher als die energetische Nutzung von Pflanzen. Vielfach heißt, dass die Versorgung mit Strom oder Wärme oder die Anzahl der gefahrenen Kilometer von der gleichen Fläche aus zwischen 10- und 100-mal höher liegt.[16] Ähnlich würde die Reduzierung des Pflanzenanbaus für Futterzwecke wirken. Die Erzeugung von Nahrungsmitteln über Tiermägen ist wesentlich weniger effektiv als die direkte Ernährung über Pflanzen und ihre Produkte.

In der Diskussion bleibt allerdings die Frage außen vor, ob der ökologische Landbau die oben genannten Umweltzerstörungen durch die Landwirtschaft wirksam bremsen kann. Um diese Frage zu beantworten, gibt es aussagekräftige Vergleichsstudien – die Ergebnisse sind eindeutig.

Ökologische Landwirtschaftssysteme setzen im Durchschnitt geringere Mengen an Treibhausgasen frei als die industrielle Landwirtschaft. Ökologische Landwirtschaftssysteme weisen eine höhere Biodiversität auf. Die Umstellung auf ökologische Landwirtschaft führt nachweisbar zur Erhöhung der Artenvielfalt in Agrarlandschaften.[17] Das Insektensterben wird durch die industrielle Landwirtschaft, durch den Einsatz großer Mengen an Pestiziden und Monokulturen auf riesigen Flächen, massiv beschleunigt.[18] In Europa ist zwischen 1980 bis 2016 der Bestand an Vögeln durch die intensive Landwirtschaft um rund ein Viertel zurückgegangen. Bei Vögeln, die Ackerland bevorzugen, beträgt der Rückgang 57 Prozent.[19] Der Wechsel auf ökologische Methoden führt zu einer höheren Insektenvielfalt und geringerem Schädlingsbefall. In durch industrielle Landwirtschaft intensiv genutzten Landschaften weisen die dort üblichen größeren Felder eine geringere Bodenqualität auf als die für den ökologischen Landbau typischen kleineren Felder. Insbesondere die organische Bodensubstanz ist in größeren Feldern deutlich niedriger als in kleineren Feldern. Ökologische Landwirtschaftssysteme belasten in der Regel die Umwelt weniger durch Nährstoffeinträge, Pestizide und andere Schadstoffe, was zu einer besseren Wasserqualität führt.

Alle diese Feststellungen sind keine Behauptungen, sondern wissenschaftlich nachgewiesene Tatsachen. Dennoch werden sie in der aktuellen Entwicklung der Landwirtschaft zu wenig beachtet. Viele Akteure sind nicht interessiert oder sehen sich außerstande, sich neu auszurichten. Daran ändern auch die Aussagen nichts, nach denen die konventionelle Landwirtschaft dabei ist, ihre eigenen Grundlagen zu zerstören. Betroffen sind die Bodenqualität, die Biodiversität und letztendlich auch die Produktivität. Zudem kann gezeigt werden, dass die Umstellung von Landwirtschaft und Nahrungsmittelindustrie auf eine nachhaltigere Produktionsweise (weniger Tierhaltung, mehr Gemüseanbau, gezielteres Düngen, höhere Energieeffizienz) eine weitreichende Reduktion der Treibhausgasemissionen zur Folge hätte.[20]

An dieser Stelle drängt sich ein Vergleich mit dem Klimawandel auf. Die Reaktion auf die wissenschaftlichen Tatsachen zu den Auswirkungen der konventionellen Landwirtschaft entspricht weitgehend dem Umgang mit dem Klimawandel vor 10 bis 20 Jahren. Lange Zeit beherrschten Verleugnen, Verlangsamen, Forschungsbedarf anmelden und Gegner diffamieren die Diskussion. Die Vertreter der fossilen Wirtschaft haben in dieser Zeit ganze Arbeit geleistet. Die Erkenntnisse zum Klimawandel sind seit mehr als 30 Jahren bekannt; erst jetzt wird aktiv gehandelt, weil die aktuelle Situation eskaliert.

Nach unserem Ermessen wird der Umbau der Landwirtschaft in eine ähnliche Spirale geraten. Die industrielle Landwirtschaft wird sich, wie die Beispiele Insektensterben und Vogelsterben zeigen, immer deutlicher negativ auswirken. Je weiter der Umbau der Industrie im Zeichen der Dekarbonisierung voranschreitet, desto stärker wird die Landwirtschaft die unmittelbar betroffene Öffentlichkeit interessieren. Die Zukunft der Landwirtschaft liegt in ökologischen Produktionsweisen, wobei die Umstellung vermutlich noch wesentlich länger dauern wird, als ökologisch geboten erscheint. Ökologisch ist dabei nicht automatisch gleichzusetzen mit den strengen Definitionen des ökologischen Landbaus. Letztlich geht es um eine Produktionsweise in der Landwirtschaft, die nicht ihre eigenen Grundlagen und die der Biosphäre zerstört.

Während der Umstellungsphase sollte bedachtsam vorgegangen werden, gerade im Hinblick auf die Risiken für die Sicherung der Nahrungsmittelversorgung. Dies vorausgesetzt, werden wir in der nachfolgenden Darstellung zum technologischen Umbruch in der Landwirtschaft die Technologie für die ökologische Landwirtschaft mitbetrachten – eine Rolle, die sie aktuell nur in Ansätzen hat.

Carbon Farming – CO_2-Speicherung durch Humusaufbau

Vom Prinzip her kann Landwirtschaft durch Speicherung von Kohlenstoff im Boden auch zur Verringerung des Gehaltes an Treibhausgasen beitragen. Im Grunde passiert das immer dann, wenn der Humusgehalt des Bodens durch verrottende Pflanzen im Boden erhöht wird. Denn Humus besteht zu 60 Prozent aus Kohlenstoff.

Böden sind neben den Ozeanen die wichtigsten Kohlenstoffspeicher der Erde. Da liegt es nahe, solche landwirtschaftlichen Praktiken besonders zu fördern und zu belohnen, in deren Folge der Kohlenstoffgehalt gesteigert wird. Genau das verbirgt sich hinter dem Begriff Carbon Farming. Wege dazu sind zum Beispiel Agrarforstwirtschaft, die Ausbringung von organischem Material wie Pflanzenkohle oder Grünschnittkompost, Zwischenfrüchte und Blühstreifen sowie Veränderungen in der Bodenbearbeitung (Direktsaat, minimale Bodenbearbeitung). Die EU-Kommission misst dem Carbon Farming eine hohe Bedeutung bei. Carbon Farming könnte nicht nur CO_2 im Boden speichern, sondern generell zur Regenerierung der Böden beitragen. Erwartet werden Beiträge zur Verbesserung der Biodiversität, der Wasserqualität und zur Verringerung der Bodenerosion sowie zur Resilienz gegen den Klimawandel. Auf der Weltklimakonferenz von Paris wurde wegen dieser Chancen sogar die sogenannte 4-Promille-Initiative gestartet. Deren zentraler Inhalt ist eine faszinierende Botschaft: Durch weltweite jährliche Steigerung des Kohlenstoffgehalts der obersten Bodenschichten könnte so viel Kohlenstoff gespeichert werden, dass ein Ausgleich der menschgemachten Zunahme der Treibhausgase möglich wird.[21]

Zwischenfrüchte

Zwischenfrüchte sind schnell wachsende Pflanzen, die zwischen zwei Hauptfrüchten (zum Beispiel Getreide oder Kartoffeln) angebaut werden.

Trotz dieser faszinierenden Vorstellung sind viele Fachleute skeptisch in Bezug auf die Umsetzung des Vorhabens durch finanzielle Anreize für die Landwirtschaft. Die wichtigsten Kritikpunkte liegen in der Messbarkeit des durch landwirtschaftliche Aktivitäten erreichten Zuwachses der Humusschicht und in der Gefahr, dass mit viel Aufwand gesteigerter Humusgehalt nach Ende der spezifischen Maßnahmen sehr schnell auch wieder verloren geht. Außerdem werden Gerechtigkeitslücken beklagt, da ja die Steigerung des Humusgehaltes belohnt werden soll.[22] Dieser wiederum hängt auch von der Bodenbeschaffenheit (zum Beispiel Sandböden oder Tonböden) sowie von der Behandlung des Bodens in den letzten Jahrzehnten ab. Wer also seinen Boden schon immer gepflegt hat, kann bei weitem nicht die Steigerung erreichen, wie sie auf verbrauchten Böden möglich ist. Auch die Angst vor neuer Bürokratie zur Überwachung des Zuwachses sowie vor einseitigen Prioritätensetzungen bei der Förderung ist deutlich zu spüren.[23] Es ist daher zu vermuten, dass der Ausbau von Carbon Farming in Deutschland und Europa relativ langsam vorankommt und nur bedingt zu Umstellungen in der Landwirtschaft führt.

Smart Farming oder die Digitalisierung der Landwirtschaft

So wie in anderen Technologiefeldern auch, geht in der Landwirtschaft die Digitalisierung mit großer Geschwindigkeit voran mit ähnlichen technologischen Entwicklungen wie in anderen Bereichen. In der industriellen Landwirtschaft verläuft dieser Prozess am schnellsten, aber auch die bäuerliche konventionelle Landwirtschaft und die ökologische Landwirtschaft kommen an der Entwicklung nicht vorbei. In gewisser Weise zählt die Landwirtschaft sogar zu den Vorreitern der Industrie 4.0 und ist auf dem besten Weg in die im Kapitel »Zukunft Stoffformung – Maschinen-, Anlagen- und Fahrzeugbau als Treiber der technologischen Transformation« erläuterte Industrie 5.0 und Industrie 6.0. So ist die industrielle Landwirtschaft der Autoindustrie beim autonomen Fahren voraus. Mit der Digitalisierung der Landwirtschaft soll ähnlich wie in der Industrie zunächst der Aufwand an menschlicher Arbeitskraft weiter reduziert werden. Zur Dekarbonisierung und dem Erhalt der Biodiversität ist allerdings ein zweiter Aspekt viel wichtiger. Die Digitalisierung geht klar in Richtung des Precision Farming beziehungsweise der Präzisionslandwirtschaft. Alle Arbeitsprozesse sollen so realisiert werden, dass nur die Menge an Treibstoff, Dünger und Pflanzenschutzmitteln in der Pflanzenproduktion und Futter, Tiermedizin und Pflege in der Tierproduktion eingesetzt wird, die für das Wachstum der biologischen Organismen das Optimum darstellen. Weiter vorne haben wir gesehen, dass ein solches Konzept im Rahmen der industriellen Landwirtschaft trotz aller Optimierungen die von der Landwirtschaft verursachten Probleme nicht lösen kann. Aber aktuell und auch bis 2050 werden große Teile der Landwirtschaft diesen Weg weitergehen und stetig ausbauen. Treiber sind dabei die industrielle Landwirtschaft und die Produzenten von Landtechnik.

Grundlage für die Präzisionslandwirtschaft ist wie in der Industrie der Einsatz von Datenbanken und von Sensoren, die über das »Internet der Dinge« (IoT) verbunden sind. Datenbanken speichern detaillierte Angaben zu Bodenbeschaffenheit, Wasserführung, Merkmalen von Pflanzen, Leistungsmerkmalen von Düngemitteln und Pflanzenschutzmitteln und so weiter. Die Sensordaten werden von Satelliten und Wetterstationen über Drohnen bis hin zu den Landmaschinen geliefert. Die Verknüpfung der Daten erfolgt (möglichst) in Echtzeit mittels Big Data über Systeme der Künstlichen Intelligenz. Präzisionslandwirtschaft umfasst auch den Einsatz von präzisen Technologien wie GPS-gesteuerten Traktoren, Drohnen und Robotern, um landwirtschaftliche Aktivitäten genau auf spezifische Bedingungen abzustimmen. Dadurch können Ressourcen wie Saatgut, Düngemittel und Wasser effizienter eingesetzt werden. Durch Fernüberwachung und -steuerung ist eine Überwachung und Optimierung ohne permanente Anwesenheit der Menschen vor Ort möglich. In der Tierhaltung spricht man von Precision Livestock Farming. Das Konzept bezieht sich auf den Einsatz von Technologien zur Überwachung und Optimierung von Tierhaltungsbedingungen. Beispiele für Technologien in diesem Bereich sind Sensoren, die die Gesundheit und das Wohlbefinden von Tieren überwachen, sowie automatisierte Systeme zur Fütterung und Pflege von Tieren. Wie in der Industrie können auch Roboter in das System integriert werden, etwa autonom fahrende Traktoren oder auch autonome Drohnen. Autonome Traktoren werden zum Beispiel vom Hersteller John Deere schon heute gebaut, ausgerüstet mit mehreren Stereokameras und Künstlicher Intelligenz. Ein derartiger Traktor kann allein zum Feld fahren und ermöglicht eine Bearbeitungsgenauigkeit von 2,5 Zentimetern.[24] Natürlich lohnt sich der Einsatz solcher Maschinenkombinationen, die auch auf die aus der Industrie bekannten digitalen Zwillinge zurückgreifen, vor allem bei großen Flächen oder Tierzuchtbetrieben, wie sie in der industriellen Landwirtschaft anzutreffen sind – womit wir wieder am Anfang des Problems sind.

Klein oder groß – was ist die Zukunft?

Wer schon einmal auf einer schmalen Landstraße einem der riesigen Traktoren der modernen industriellen Landwirtschaft mit ihren nicht weniger gewaltigen Anhängern begegnet ist, hat vermutlich einen gewissen Respekt vor den Dimensionen dieser Technik. Nicht anders ist es mit Mähdreschern, Feldhäckslern und sonstigen landwirtschaftlichen Maschinen. Sie sprengen selbst die aus der Industrie und dem Transportwesen bekannten Dimensionen und die Entwicklung scheint nur in eine Richtung zu gehen: von groß zu noch größer. Da sie lediglich in der industriellen Landwirtschaft eingesetzt werden, scheint dieser Trend auch durchaus sinnvoll zu sein. Schließlich sinkt mit der Größenordnung der Energieverbrauch pro Kilogramm Transportgut oder Eigengewicht und auch der Arbeitsaufwand wird kleiner. Zum Beispiel verfügen heutige Top-Modelle von Mähdreschern über mehr als 800 PS und erreichen eine Schnittbreite von 14 Metern. Sie bringen beste Voraussetzungen mit für die Präzisionslandwirtschaft und für eine autonome Arbeitsweise. Zugenommen hat auch die Geschwindigkeit der Maschinen, insbesondere von Traktoren, die bis zu 50 Kilometer pro Stunde schnell sind. Trotzdem wird sich das Größenwachstum zumindest in Europa nicht fortsetzen, weil die Maschinen auf normalen Straßen bewegt werden müssen. Traktoren mit einem Reifendurchmesser von über zwei Metern können nicht noch höher und breiter gebaut werden. Gleiches gilt für Erntemaschinen, bei denen die Arbeitsbreite der Schnittgeräte auch mit komplizierten Klappmechanismen kaum mehr zu steigern ist.[25]

An die Stelle des ungebremsten Wachstums tritt eine Entwicklung, die auch für die ökologische Landwirtschaft geeignet ist. Vom im Geschäftsbereich des Bundesministeriums für Ernährung und Landwirtschaft (BMEL) tätigen Thünen-Institut stammt die Vision vom Downsizing von landwirtschaftlichen Maschinen und Anlagen. Statt Großmaschinen mit Verbrennungsmotor werden viele kleine elektrisch betriebene Arbeitseinheiten eingesetzt – Roboter – mit einer Arbeitsbreite von maximal einem Meter. Die Roboter arbeiten autonom und erhalten den notwendigen Strom von Ladeeinheiten am Feldrand, die durch Photovoltaikanlagen betrieben werden. Erste Beispiele wie die Produkte des niederländischen Unternehmens Pixelfarming Robotics zeigen, was machbar wäre.[26] Natürlich werden auch die Möglichkeiten der Digitalisierung für solche autonomen Einheiten mitbedacht. Solche Roboter-Schwärme sind auch auf den kleineren Feldern der Biobauern einsetzbar. Ein nicht zu unterschätzender Vorteil ist die geringere Bodenverdichtung durch die kleineren Maschinen. Eher visionär ist aktuell noch der umfangreiche Einsatz elektrisch angetriebener Drohnen. Während diese bisher eher für die Datenerhebung verwendet werden, gibt es bereits Beispiele für ihren Einsatz zur Ausbringung von Sprühmitteln in unwegsamem Gelände. In Japan werden Drohnen im Reisanbau für den Pflanzenschutz bereits umfänglich angewendet.[27]

Der Verzicht auf Herbizide im biologischen Landbau wird durch eine Zunahme von mechanischen Bearbeitungen zur Entfernung von Konkurrenzpflanzen kompensiert. Das bevorzugte Gerät dafür ist der sogenannte Striegel. In diesem Zusammenhang wird klar, dass die ökologische Landwirtschaft mindestens genauso wie die industrielle Landwirtschaft vor der Notwendigkeit steht, fossile Kraftstoffe durch elektrische Systeme oder durch selbst erzeugte synthetische Kraftstoffe beziehungsweise Biogas zu ersetzen. Das wird sich nicht auf die oben genannten Schwarmroboter beschränken, sondern betrifft die gesamte landwirtschaftliche Maschinentechnik. Ein Problem ist dabei der hohe Energiebedarf bei mechanischen Feldarbeiten. Zwar existieren bereits erste Prototypen, allerdings könnte es noch mehrere Jahre dauern, bis mittelgroße und große elektrische Traktoren zur Normalität werden.[28] Entscheidend sind weitere Fortschritte bei den Akkumulatoren und/oder Brennstoffzellen. Als Beschleuniger könnten hier die umfangreichen Entwicklungen für LKW dienen.

Landwirtschaft im Haus – Vertical Farming

Als Alternative zur Landwirtschaft auf Ackerboden wird oftmals das Vertical Farming oder – wenn kein Sonnenlicht verwendet wird – das Indoor Farming genannt. Unterschiedliche Kulturpflanzen, insbesondere Gemüse, werden hierbei in Gebäuden auf mehreren Etagen angebaut. Statt Boden wird Nährlösung eingesetzt, die in geschlossenen Kreisläufen zirkuliert. Begründet wird der Bau solcher Farmen oftmals mit fehlenden Anbauflächen für die zunehmende Bevölkerung in bestimmten Regionen und Metropolen und mit der Nähe von Produktion und Verbrauch und damit kürzeren Transportwegen in wachsenden Metropolen. Positiv ist der deutlich geringere Einsatz von Pestiziden, Nährstoffen und Wasser als bei konventioneller Landwirtschaft. Großanlagen wie eine Farm in Dänemark mit 7.000 Quadratmetern auf 14 Etagen und einer Produktion von 1.000 Tonnen Gemüse pro Jahr zeigen die Machbarkeit des Konzeptes. In Dubai hat eine Farm mit 23.000 Quadratmetern den Betrieb aufgenommen. Neben den Großanlagen existieren auch Kleinanlagen für Haushalte oder Supermärkte. So interessant die Beispiele auch sind, dürfte ihr massenhafter Einsatz dennoch auf sich warten lassen. Gründe dafür sind zunächst die hohen Materialaufwendungen und Investitionen. Begrenzend wirken auch die Betriebskosten und der Energieverbrauch für Beleuchtung und Temperierung, der sich nur bei vollständiger Gewinnung aus erneuerbarer Energie rechtfertigen lässt. Ein weiterer Kritikpunkt ist der Verlust an Biodiversität in den weitgehend von der Umwelt abgeschlossenen Räumen.

Wie werden wir uns zukünftig ernähren?

Pflanzen statt Fleisch

Es hat sich herumgesprochen: Der Klimawandel wird durch tierische Lebensmittel deutlich mehr befeuert als durch pflanzliche. In Deutschland entfallen 69 Prozent der ernährungsbedingten Treibhausgasemissionen auf den Verbrauch tierischer Lebensmittel. Der Anteil von Fleisch beträgt 44 Prozent, andere Tierprodukte (Milch und Milchprodukte, Eier) kommen auf 25 Prozent. Zwischen den Tierarten gibt es große Unterschiede. Für ein Kilogramm Rindfleisch fallen laut WWF 25,5 Kilogramm CO_2-Äquivalent an. Schwein liegt bei 10,3 und Geflügel 9,2 Kilogramm. Zum Vergleich: Die Erzeugung von einem Kilogramm Äpfel oder Spinat verursacht nur 0,5 Kilogramm Kohlendioxid-Äquivalent.[29] Bei diesen Zahlen liegt die Schlussfolgerung nahe, einfach den Verbrauch von Rindfleisch und Milchprodukten herunterzufahren. Aber so einfach ist das dann doch nicht, denn Wiederkäuer wie Rind, Schaf und Ziege können in der Weidewirtschaft auch für andere Tiere unverdauliche Futtermittel wie Gras nutzen, während ansonsten spezifisch angebautes und oft über große Entfernungen transportiertes Futter benötigt wird. Dafür rülpsen und pupsen die Wiederkäuer große Mengen an Methan, das bis zu 25-mal klimaschädlicher ist als Kohlendioxid.

Wir wollen diese Betrachtung angesichts der Vielschichtigkeit des Problems (zum Beispiel Kraftfutter für Rinder) nicht vertiefen, sondern uns einer viel naheliegenderen Lösung zuwenden, die zudem schon in großem Maße praktiziert wird: der Produktion von Fleischersatz aus Pflanzen. Die Herstellung von Fleischersatz aus Pflanzen ist schon länger bekannt. Benötigt werden eiweißreiche Pflanzen, wie Soja, Weizen, Lupine, Erbse, Sonnenblume, Algen und Pilze, die dann über mehrere Verarbeitungsstufen in eine fleischähnliche Textur und Geschmacksrichtung gebracht werden. Weltweit wird nach einer Studie der Boston Consulting Group erwartet, dass der Verzehr von Fleischersatzprodukten von 13 Millionen Tonnen im Jahr 2020 auf 97 Millionen Tonnen im Jahr 2035 ansteigt. Das wären 11 Prozent aller Fleisch-, Meeresfrüchte und Milchprodukte. Bei regulatorischer Unterstützung durch die Gesetzgeber könnten sogar 22 Prozent erreicht werden. Rechnet man mögliche mikrobielle beziehungsweise tierische Proteine aus dem Bioreaktor hinzu, so könnten bis 2035 sogar je nach Studie 30 bis 45 Prozent des aktuellen Fleischkonsums ersetzt werden.[30] Das wäre ein wirklich wirksamer Beitrag zum Klimaschutz und zur Erhaltung der Biodiversität.

Lebensmittel aus dem Labor – zellbasierte Fleischproduktion

Im letzten Abschnitt haben wir bereits darauf hingewiesen, dass bis zu 20 Prozent des aktuellen Fleischkonsums durch mikrobielle beziehungsweise tierische Proteine aus dem Reaktor ersetzt werden könnten. Dafür gibt es verschiedene interessante Wege.

Ein erster Weg ist die zellbasierte Fleischproduktion, auch bezeichnet als kultiviertes Fleisch. Bei dieser Methode werden tierische Muskelzellen außerhalb des Tieres in Bioreaktoren kultiviert, um Fleisch herzustellen, ohne dass Tiere geschlachtet werden müssen. Das Fleisch wächst im Reaktor, indem aus tierischen Stammzellen neue Zellen gebildet werden. Basis dafür ist eine Nährlösung für die Zellen, die auch gleichzeitig den Flaschenhals bei der Produktion bildet. Zum Einsatz kommen spezifische Reaktoren, an denen intensiv geforscht und entwickelt wird. Großanlagen mit einigen Tausend Liter Fassungsvermögen stehen kleinen modularen Konzepten gegenüber, die bei Bedarf fast beliebig erweitert werden können. Zellbasierte Fleischproduktion ist zwar noch ein Nischenthema, hat aber in den USA schon wesentliche Zulassungshürden genommen. Weltweit arbeiten 150 Start-ups daran, den Markt zu erschließen.

Nach einer Studie aus dem Jahr 2011 könnte die zellbasierte Fleischproduktion den Landbedarf um bis zu 99 Prozent, den Wasserverbrauch um bis zu 96 Prozent und den Energieverbrauch bei der Fleischherstellung entlang der gesamten Produktionskette um bis zu 45 Prozent reduzieren.[31] Was für viele Menschen nicht weniger wichtig ist: Es wird Tierleid vermieden, weil für die Produktion keine Tiere mehr getötet werden müssen. Angesichts von verblüffenden Ergebnissen der Forschung zur Intelligenz von Tieren, die zunehmend die Vorstellungen von einem ausschließlich instinktgesteuerten Verhalten ablösen, sind auf diesem Gebiet in den nächsten Jahrzehnten erhebliche gesellschaftliche Kontroversen zu erwarten. Denn zu Intelligenz gehört auch Bewusstsein und von da ist es nicht weit bis zur Zuerkennung von Persönlichkeitsrechten, die eine Tötung für Ernährungszwecke infrage stellen. Studien zeigen auch, dass Verbraucher die Vorteile sehen, mittels zellbasiertem Fleisch den steigenden Fleischkonsum und seine Umweltauswirkungen zu bewältigen.[32] Gerade im unteren und mittleren Preissegment und bei Produkten, die den Ausgangsstoff ohnehin kaum noch erkennen lassen, wird sich dieser Trend schnell durchsetzen: Burger-Patties, Wurstprodukte oder Hackfleisch. Denkbar ist, dass das Premium-Steak, das sich zukünftig ohnehin nicht mehr jeder leisten werden kann oder will, dennoch von einem echten Tier kommt.

Insekten als Lebensmittel

Nicht ganz so spektakulär hinsichtlich der verwendeten Produktionsmethoden und Technologien ist die Produktion von Lebensmitteln, aber auch von Futtermitteln aus Insekten. Für Europäer eher ungewohnt, sind gegrillte Käfer und schokolierte Heuschrecken in vielen Ländern schon im Alltag angekommen. Weltweit gelten 2.000 Arten als essbar. Etwa zwei Milliarden Menschen essen nach Angaben der Ernährungs- und Landwirtschaftsorganisation der Vereinten Nationen (FAO) zumindest gelegentlich Insekten.

In Deutschland befinden sich viele Insekten noch in der Sicherheitsprüfung, andere sind bereits zugelassen. Essbare Insekten sind, so schreibt die Verbraucherzentrale, eine exzellente Quelle von Omega-3-Fettsäuren, B-Vitaminen und wichtigen Mineralstoffen. Sie enthalten einfach und mehrfach ungesättigte Fettsäuren. Vor allem aber enthalten sie ähnlich viel Protein wie das Fleisch von Rind, Schwein oder Pute.[33] Ihre Produktion benötigt im Vergleich zu Fleisch weniger Platz und Wasser und verursacht weniger Treibhausgase. Nach Angaben des Bundesumweltamtes fallen für 100 Gramm auf Insekten basierendem Produkt 0,15 Kilogramm CO_2-Äquivalente an. Bei Geflügelfleisch ist es 3-mal, bei Rindfleisch sogar 20-mal mehr. Gegenwärtig können sie bis zu 10 Prozent in Lebensmittel wie Kekse oder Pizza gemischt werden.

Für eine deutliche Steigerung ist eine Änderung der Verzehrgewohnheiten notwendig, was wohl eher langfristig durch positive Erfahrungen und die Weiterentwicklung von Eigenschaften der Lebensmittel vonstattengehen wird. Studien verweisen auf deutlich günstigere Wachstumsmöglichkeiten in Ländern, in denen Insekten traditionell verzehrt werden.[34]

Lebensmittel aus Mikroorganismen – zelluläre Landwirtschaft

Sie haben richtig gelesen, es geht nicht um die Lebensmittelproduktion mit Mikroorganismen, wie sie seit Tausenden von Jahren beim Bierbrauen, bei der Käseherstellung oder bei der Verwendung von Sauerteig praktiziert wird. Auch wenn viele Ähnlichkeiten vorhanden sind, handelt es sich vielmehr um eine ganz neue Qualität. Das bekannteste Beispiel dafür ist die Käseherstellung ohne Milch von Kuh, Schaf oder Ziege. Um das zu ermöglichen, wird der genetische Bauplan für die Eiweiße in das Erbgut von Hefezellen, Bakterien oder Pilzen eingefügt. In einem temperierten Nährmedium werden die Mikroorganismen mit Kohlenhydraten gefüttert, worauf sie sich vermehren und Milchproteine produzieren. Die Proteine werden aus den Zellen extrahiert, um im nächsten Schritt die Biomasse zum Beispiel mit Zentrifugen abzutrennen.[35] Das Verfahren wird bereits seit Jahren für die Herstellung von mikrobiellem Lab etwa für die Käseproduktion sowie in der Pharmazie angewendet. Um es auf die Herstellung von einer oder mehreren der über 1.000 bekannten Käsesorten zu übertragen, bedarf es allerdings noch intensiver Anstrengungen, wofür die aus der Käseproduktion bekannten Maschinen und Anlagen angepasst und erweitert werden müssen. Immerhin ist die Produktion von solchen als »Novel Food« bezeichneten Lebensmitteln in Reichweite und ihr Verkauf in Testmärkten wird vorbereitet, die aber außerhalb von Europa liegen, da Novel Food hierzulande eine umfangreiche Zulassungsprüfung durchlaufen muss.

Neben Käse wird auch an der Produktion von Eiweiß ohne Ei geforscht. Ähnlich wie bei der Käseproduktion werden gentechnisch modifizierte Hefen für die Herstellung von tierfreiem Eiweiß eingesetzt –

angesichts von mehr als einer Billion weltweit produzierten Eiern, von denen ein großer Teil in der Lebensmittelindustrie verarbeitet wird, ein gewaltiger Markt mit weitreichenden Potenzialen für das Tierwohl. Auch am Ersatz pflanzlicher Produkte wird geforscht. Aktuell stehen Kakaobohnen, Kaffeebohnen und Avocados im Fokus der Forschungen – alles Produkte, deren Erzeugung meist mit erheblichen Umweltschäden verbunden ist. Prinzipiell ließen sich aber viele pflanzliche Produkte auf diese Weise ersetzen, deren Produktion problematisch ist. Es ist also ein massiver Ausbau der zellulären Landwirtschaft zu erwarten.

Futter- und Lebensmittel aus der Luft

Proteine aus Einzellern (wie etwa Bakterien) wären geeignet, die Ernährung der Welt deutlich umweltschonender zu gestalten. Für die Bakterienzucht werden Energie, Fläche und Moleküle aus der Umgebung als Futter für die Mikroorganismen benötigt. Ein besonders eindrucksvolles Beispiel ist die Herstellung von Proteinen – aus Luft. Das finnische Unternehmen Solar Food hat dafür Bakterien gezüchtet, die sich hauptsächlich mit Kohlendioxid aus der Luft und Wasserstoff ernähren. Der Wasserstoff wird mit Solarenergie gewonnen, weswegen ein nahezu klimaneutrales Lebensmittel erzeugt wird. Das produzierte Produkt Solein besteht zu 65 bis 70 Prozent aus Eiweiß, zu 5 bis 8 Prozent aus Fett, zu 10 bis 15 Prozent aus Ballaststoffen und zu 3 bis 5 Prozent aus Mineralstoffen. Es hat eine ähnliche Nährstoffzusammensetzung wie etwa Algen oder Soja als Fleischersatz und enthält alle für Menschen essenziellen neun Aminosäuren.[36]

Bisher nicht vorstellbare Möglichkeiten machen Hoffnung, dass es der Menschheit gelingt, die dramatischen Auswirkungen der bisher üblichen Art der Nahrungsmittelproduktion noch rechtzeitig zu stoppen – und zwar bevor Klimawandel und Zerstörung der Biodiversität unumkehrbare Spuren hinterlassen. Allerdings fehlt bislang eine ausreichende Ausweitung der Produktion bei konkurrenzfähigen Kosten und vertretbarem Flächenbedarf. Vor allem aber müssen die Verbraucher einschließlich der verarbeitenden Industrie bereit sein, ihre Ernährungsgewohnheiten aufzubrechen.

7. Zukunft Informations- und Kommunikations-technologien

Leben digital

Max lebt in einem anderen Land als Dafne. Während in Dafnes Heimat erneuerbare Energien den Großteil des Stromnetzes ausmachen, setzt das Land von Max noch teils auf fossile Brennstoffe. Ihre Fernbeziehung findet größtenteils nicht in der realen Welt, sondern in einer virtuellen Realität statt. Durch animierte Avatare repräsentiert, bewegen sie sich in einer beeindruckend detaillierten 3-D-Umgebung. Als leidenschaftliche Umweltschützer wählen sie als Treffpunkt einen digitalen Wald unter einem klaren blauen Himmel. Während Max betont, dass sie durch ihr virtuelles Treffen Reiseenergie gespart haben – schließlich sind sie nicht in ein Flugzeug oder Zug gestiegen –, und von den Wundern der Künstlichen Intelligenz und Quantencomputertechnologie schwärmt, die hoffentlich bald die Umweltprobleme lösen könnten, wird er von Dafne jäh unterbrochen. Sie interagiert mit der virtuellen Umgebung und zeigt ihm Diagramme und Grafiken, die den steigenden Energieverbrauch solch virtueller Räume aufzeigen. Sie betont auch den hohen Energieaufwand beim Training von KI-Systemen. Als sie ihm Bilder von Menschen zeigt, die in entsetzlichen Verhältnissen Elektroschrott aussortieren – Abfall, der oft aus entwickelteren Ländern illegal exportiert wird –, verblasst Max' Enthusiasmus merklich. Aber er bleibt bei seiner Meinung: Trotz aller gegenwärtigen Herausforderungen glaubt er fest daran, dass Technologie der Schlüssel zu einer grüneren Zukunft ist. Ihr virtuelles Date wäre fast in einem ernsthaften Streit geendet, der ihre Beziehung in der realen Welt belasten könnte – denn was wäre die Alternative?

Informationstechnologien auf dem Vormarsch

Wir leben in der Informations- und Wissensgesellschaft. Der Umgang mit Informationen prägt fast alle unsere Arbeits- und Lebensprozesse und nimmt insbesondere im Zeichen der digitalen Revolution stetig zu. Die Informations- und Kommunikationstechnik hat sich zum digitalen Nervensystem der Gesellschaft entwickelt. Eine zentrale Größe für den

Umgang mit Informationen und die wirtschaftliche Leistungsfähigkeit ist die Rechenleistung. Sie gilt als treibende Kraft für die Entwicklung der digitalen Wirtschaft und als wichtiger Produktivitätsfaktor für das Wachstum der gesamten Volkswirtschaft. Der Global Computing Index führt Faktoren wie Rechenkapazität, Recheneffizienz, Anwendungsebene und Infrastrukturunterstützung zusammen. Ein Anstieg des Index um einen Punkt geht mit einem BIP-Wachstum von 1,8 Prozent einher.[1] Im Umkehrschluss bedeutet Wirtschaftswachstum auch ein Wachstum an Rechenleistung. Dieser Trend hin zu mehr digitaler Infrastruktur, die für mehr Wohlstand sorgt, muss mit einem nachhaltigen Ressourcen- und Energieverbrauch vereinbart werden. Da ist es naheliegend, dass der Informationstechnologie auch im Rahmen der fünften industriellen Revolution eine Schlüsselrolle zukommt. Informationstechnologien reichen dabei von Computern unterschiedlichster Bauart und Größe über Router und Datentransportleitungen bis hin zu den Funkmasten der 5G-Netze, Handys und den in Maschinen und Anlagen integrierten Steuerungssystemen.

Dabei geht es um zwei grundlegende Funktionen der informationsverarbeitenden Technologien, wie sie von der allgemeinen Technologie benannt werden. Zum einen dienen informationsverarbeitende Technologien der Produktion von Gütern für Abnehmer in der Wirtschaft und Endverbraucher in der Welt der Konsumenten. Unternehmen unterschiedlichster Branchen kaufen von der Informationswirtschaft Rechenleistung, Übertragungsdienste und Informationen in unterschiedlichsten Formaten oder sie produzieren diese als interne Dienstleistung auch selbst. Endverbraucher kaufen (digitale) Medien und digitale Dienstleistungen wie zum Beispiel die Kommunikation über Messengerdienste oder Suchanfragen bei Google & Co. Für die Produktion, Transport, Verarbeitung und Konsum der Medien und Informationen werden informationsverarbeitende Systeme eingesetzt und es wird Energie verbraucht – im Grunde genommen nichts anderes als bei der Produktion stofflicher Produkte in der Chemieindustrie. Aber die informationsverarbeitenden Technologien können mehr. Im Zusammenhang mit der Automatisierung aller anderen Technikbereiche von der Energieerzeugung und Verteilung über den Transport stofflicher Güter bis hin zur chemischen Produktion sind sie längst zum untrennbaren Bestandteil jeglicher Technik geworden und bestimmen die Funktionsweise ebenso wie deren Effizienz.

Mit diesen beiden Funktionen verbinden sich enorme Erwartungshaltungen, aber auch Befürchtungen zur Rolle der Informationstechnologien bei der Bekämpfung des Klimawandels und der Dekarbonisierung als Kern der fünften industriellen Revolution. Die Hoffnungen konzentrieren sich darauf, mit Informationstechnologien einerseits mittels durchgängiger Automatisierung Energie und Ressourcen einzusparen und andererseits mit modernsten Computern und Künstlicher Intelligenz ganz neue, bisher verborgene Wege zu finden, um die Umweltzerstörung zu stoppen.

Entwicklung Rechenleistung und Ressourcenverbrauch

Die Befürchtungen resultieren in erster Linie aus dem Ressourcenverbrauch der Informationstechnologien. Dieser setzt sich zusammen aus dem Energieverbrauch im Betrieb und dem für die Herstellung der Geräte notwendigen Aufwand an Materialien einschließlich deren Gewinnung und Verarbeitung. Weltweit werden dem Informations- und Kommunikationstechnik(IKT)-Sektor etwa 3 Prozent des Energieverbrauches zugeschrieben. Britische Forscher und Forscherinnen kommen zu dem Ergebnis, dass der Anteil des IKT-Sektors an den weltweiten Emissionen zwischen 1,8 und 2,8 Prozent liegt.[2] Die Angaben schwanken, was seine Ursache in unterschiedlichen Erhebungsverfahren hat. Das beginnt schon in den IT-Unternehmen, die nach den Ergebnissen einer Studie der TU München ihren Energieverbrauch meist bis zu 50 Prozent zu niedrig angeben.[3] Dennoch, die Informationstechnologie ist eine energieintensive Branche, auch wenn das meist nicht so gesehen wird – mit allen Folgen. Werden Energieverbrauch und Produktionsaufwand bei der Geräteherstellung mitberücksichtigt, liegt der Anteil des ITK-Sektors am weltweiten CO_2-Ausstoß zwischen 2,1 Prozent und 3,9 Prozent.[4] Allein das Videostreaming hat 2018 weltweit 300 Millionen Tonnen Kohlendioxid produziert.[5] Es verantwortete im Jahr 2019 bis zu 60 Prozent des weltweiten Downstream-Traffics. Interessanterweise wird für die Datennutzung bei den Endverbrauchern mehr Strom verwendet als für Aufbau und Unterhaltung der Infrastruktur, wie etwa Server, Übertragungsantennen, WLAN-Router oder Clouds, in denen die Daten liegen. Endnutzergeräte wie Laptops, Tablets, Smartphones und Drucker verursachen weltweit eine doppelt so hohe Umweltbelastung wie Datenzentren.

Und die Entwicklung geht weiter. Die Nutzerzahlen für Videoplattformen steigen und auch der Datenverkehr zwischen Maschinen nimmt im Rahmen der Industrie 4.0 weiter zu. Immer mehr Rechenleistung wird gefordert. Glücklicherweise steigt der Stromverbrauch nicht im gleichen Maße wie die Rechenleistung, sonst wären schon vor Jahren die Stromnetze kollabiert. Zwischen 2010 und 2018 wuchs die Rechenleistung um den Faktor 6, der Mehrbedarf an Energie in der gleichen Zeit betrug 6 Prozent.[6] Auch die Weiterentwicklung der elektronischen Schaltkreise trägt zum verminderten Energieverbrauch pro Rechenoperation bei.

Ein iPhone besitzt 5.000-mal mehr Rechenleistung als ein Supercomputer von 1985.

Und auch die Supercomputer verringern permanent den Energieverbrauch. Auf der Green500-Liste, die die Energieeffizienz von Supercomputern misst, steht Anfang 2023 der Supercomputer Frontier, der für das US-Energieministerium hergestellt wurde, mit 62,68 GigaFlops pro Watt. Im Jahr 2016 erreichte der damalige Spitzenrechner TaihuLight 6 Gigaflops pro Watt.[7] FLOPS steht für »Floating Operations Per Second« und bezeichnet die Anzahl der ausführbaren Rechenoperationen pro Sekunde. Ein Gigaflop entspricht einer Milliarde Rechenoperationen. Ein weiterer Durchbruch ist zu erwarten, wenn Rechenprobleme von Quantencomputern in deutlich kürzerer Zeit gelöst werden können. Die Energie für den Betrieb von Supercomputern der Spitzenklasse kostet jährlich Millionen Dollar.[8] Das Betreiben einer vergleichbaren Quantencomputereinheit kostet etwa 25.000 Dollar pro Jahr.[9] Aktuelle Prognosen deuten darauf hin, dass der Energiebedarf von Quantencomputern mit zunehmender Größe im Gegensatz zu klassischen Supercomputern nicht wesentlich steigen wird. Dieser Übergang kann den Energieverbrauch drastisch verringern und die Abhängigkeit von nicht-erneuerbaren Energiequellen reduzieren. Ein Quantensystem kann durch eingeschlossene Effizienzgewinne im Vergleich zu einem herkömmlichen Supercomputer die 10-fache Anzahl von Flops pro Watt bewältigen.[10]

Rebound-Effekte

Rebound-Effekte treten auf, wenn Effizienzsteigerungen in der Produktion oder im Verbrauch von Gütern und Dienstleistungen zu einem erhöhten Gesamtverbrauch führen, anstatt die erwarteten Einsparungen zu realisieren. Dies geschieht oft, weil die durch Effizienz erzielten Kosteneinsparungen zu einer gesteigerten Nachfrage und Nutzung führen, wodurch die ursprünglichen Einsparungen teilweise oder vollständig aufgehoben werden.

Der Trend geht also hin zu mehr und gleichzeitig effizienterer Rechenleistung. Wie stark der Energieverbrauch von der Energieeffizienz abhängt, zeigt eine Simulation für Deutschland. Danach kann der Energieverbrauch von 2010 bis 2030 auf etwa das Dreifache ansteigen, wenn die Effizienzsteigerungen nicht weitergehen. Im Best-Case-Szenario wurde im Vergleich zum aktuellen Energiebedarf eine Stabilisierung als möglich eingeschätzt.[11]

Dennoch bleibt der Energieverbrauch der Informationstechnologien kritisch. Die steigende Nachfrage nach Rechenleistung neutralisiert Effizienzgewinne (Rebound-Effekt). Es werden beispielsweise enorme Anstrengungen unternommen, die Effizienz von Rechenzentren zu verbessern, um ihren Gesamtenergieverbrauch zu senken. Obwohl diese Effizienzgewinne wertvoll sind, wird jeder erzielte Energiegewinn sofort durch die weltweit steigende Nachfrage nach Rechenzentrumsdienstleistungen und das immer billiger werdende

Betreiben solcher Anlagen ersetzt, was zu einem Gesamtanstieg des Energieverbrauchs führt. Der Rebound-Effekt macht es schwierig und kompliziert, echte Reduktionen von Emissionen und Stromverbräuchen zu erreichen.

Für die Minimierung der Umweltauswirkungen der Informationstechnologie wird auf »Green IT« gesetzt. Das ist ein umweltorientierter Ansatz bei Beschaffung, Entwicklung, Nutzung und Entsorgung von Computerhardware und Softwareanwendungen und umfasst insbesondere energieeffiziente Programmierung, Begrenzung der Datenvolumina und Rechenleistungen sowie die Gestaltung der Geschäftsprozesse. Zwar sollte der Fokus von Unternehmen darauf liegen, zuerst die »großen Baustellen« anzugehen, bevor sie sich mit Green IT beschäftigen. Trotzdem ist dieser Sektor mit steigender Rechenleistung nicht zu vernachlässigen. Ein konsequenter Verzicht auf Rechenleistung wäre aber die falsche Antwort, denn: Klassische oder Quantencomputer könnten eine der Lösungen sein, um den Energieverbrauch anderer Sektoren deutlich zu senken und diese zu optimieren. Sie sind somit ein Schlüssel zur Dekarbonisierung. Ein Beispiel: Eine Steigerung der Effizienz des Transportsektors um nur 8 Prozent durch Quantencomputing würde den Energieverbrauch aller Computer auf globaler Ebene ausgleichen.[12]

Wir gehen nachfolgend auf diesen Trend ein.

Grüner Strom und Abwärmenutzung für Rechenzentren

Herzstück der Informationswirtschaft sind Rechenzentren. Dort stehen Hunderte oder Tausende von Rechnern, kombiniert mit Netzwerk, Speicherlösungen und anderen IT-Geräten. Die Größe von Rechenzentren reicht von einem Schrank über einen speziellen Raum bis hin zu riesigen Hallen. Zu den größten Rechenzentren gehören die Einrichtungen in der Cloud, wie sie von der Deutschen Telekom, Google, Amazon, aber auch von vielen mittelständischen Anbietern betrieben werden. Sie alle brauchen Energie, viel Energie. Im Jahr 2021 haben die Rechenzentren der Welt gemeinsam 500 bis 650 Terrawattstunden Strom verbraucht[13]. Die Tendenz ist weiter steigend. Klar, dass bei solchen Dimensionen im Rahmen der fünften industriellen Revolution der Umstellung auf grünen Strom eine zentrale Rolle zukommt und diese mit großer Geschwindigkeit vorangetrieben wird.

Um die Stromversorgung klimaneutral zu machen, gibt es viele Möglichkeiten. Die einfachste Möglichkeit sind langfristige Lieferverträge für grünen Strom. Da auch die Stromkosten eine enorme Rolle spielen, muss permanent damit gerechnet werden, dass Rechenzentren in Länder mit günstigeren Tarifen für grünen Strom abwandern. Beispielsweise nach Nordeuropa, denn die Stromkosten entstehen keineswegs nur durch die elektronischen Bauteile in den Rechnern und Speichersystemen, bis zu 50 Prozent entfallen auf die Kühlung.[14] Niedrigere Durchschnittstemperaturen können da schon ein erhebliches Argument bei der Standortwahl sein. Deutschland steht bezüglich der Kosten für grünen Strom vor der zentralen Frage, ob die aktuelle einheitliche Preiszone für das ganze Land noch zeitgemäß ist. Das viel kleinere Norwegen hat drei, Schweden vier Preiszonen. Auf diese Weise entstehen Anreize, stromintensive Produktionen einschließlich Rechenzentren in die Regionen zu verlagern, wo der grüne Strom produziert wird. In Deutschland wäre das der Norden, wie zum Beispiel auch in Schweden, wodurch auch die Netze enorm entlastet würden. Die Bundesländer mit vergleichsweise wenig Grünstromproduktion wie Bayern wehren sich allerdings gegen eine solche Aufspaltung.

Weniger zur Stromerzeugung, sondern zur Verminderung der Stromverluste in den Rechenzentren wird bisher nur in Ausnahmefällen Gleichstrom anstelle von Wechselstrom zur Stromversorgung eingesetzt. Reine Gleichstromsysteme werden in der Branche heute noch weitgehend abgelehnt, denn die Umstellung erscheint zu aufwändig und erfordert höhere Sicherheitsanforderungen. Das könnte sich aber ändern durch die Kombination mit Supraleitern. Die Anlage wird mit flüssigem Stickstoff gekühlt und ermöglicht wegen der verlustfreien Stromleitung 30 Prozent Energieeinsparung und eine deutliche Verringerung des Materialeinsatzes wegen der höheren Stromdichte in den Stromschienen. Dem Ziel der Energie- und Materialeinsparung dient auch der Anschluss von Rechenzentren auf der Mittelspannungsebene von 110 Kilovolt, da jeder Schritt der Spannungstransformation mit Energieverlusten einhergeht und keine separate Infrastruktur etabliert werden muss.

Grünen Strom erzeugernah zu beziehen, führt zu der logischen Konsequenz, den Strom gleich selbst zu produzieren. Die naheliegendste ist die Produktion von Solarstrom. Was möglich ist, zeigt ein ohnehin schon sehr energieeffizient arbeitendes Rechenzentrum von Google in Belgien. Dort wurde schon 2017 eine 2,8-Megawatt-Solaranlage errichtet.[15] Der limitierende Faktor bei Solaranlagen sind verfügbare Flächen in dicht bebauten Regionen. Aber zumindest Dachflächen und möglichst auch geeignete Wände mit Solarpanelen dürften zukünftig Normalität werden, natürlich einschließlich der ausreichend dimensionierten Speicher. Ein anderer interessanter Weg sind Windcores des Rechenzentrumszweiges von Westfalenwind. Teile von Rechenzentren werden dazu in den hohlen Fuß von Enercon-Windgeneratoren eingebaut. Dort stehen zum Beispiel Server des TV-Streaminganbieters Zattoo.[16] Die Stromproduktion durch Verstromung von Biogas mit Brennstoffzellen oder Blockheizkraftwerken ist auch möglich, was aber wegen der in vorhergehenden Kapiteln beschriebenen Probleme bei der Produktion von Biogas eher die Ausnahme bleiben dürfte. Gleiches gilt für die zukünftige Verstromung von Wasserstoff. Bisher nicht in der Praxis angekommen ist die Stromerzeugung aus Abwärme, beispielsweise über ORC-Anlagen (Organic Rankine Cycle). Die ORC-Anlagen ähneln konventionellen Wärme-Kraftwerken mit einem zentralen Unterschied: In ihnen werden organische Flüssigkeiten anstelle von Wasser in einem Kreisprozess geführt. Sie verdampfen schon bei den geringen Abwärmetemperaturen von Datenverarbeitungszentren und können Turbinen und mit ihnen gekoppelte Generatoren antreiben. Kleine Wärmemengen und geringe Temperaturunterschiede ließen sich durch thermoelektrische Generatoren verwerten.[17] Wir gehen davon aus, dass auch solche heute noch exotische Varianten der Stromerzeugung zunehmend verwendet werden, zumal die Anlagen dafür heute schon auf dem Markt erhältlich sind.

Supraleiter
In Supraleitern sinkt der elektrische Widerstand bei Unterschreitung der sogenannten Sprungtemperatur auf null. Die Sprungtemperatur liegt bei den meisten Supraleitern nahe beim absoluten Nullpunkt.

Weit realistischer als die Stromerzeugung aus Abwärme ist deren Einspeisung in Fernheizungsnetze, vorausgesetzt, es gibt aufnahmebereite Fernheizungsnetze. Da das Wasser in diesen Heizungsnetzen oft wärmer ist als die Abwärme aus den Rechenzentren, werden meist Wärmepumpen zur energetischen Aufwertung benötigt. Wird Wasser statt Luft für die Kühlung der Rechenzentren verwendet, lässt sich der Aufwand für die Abwärmenutzung verringern. Wasser kann viel mehr Wärme aufnehmen als Luft. Wenn Rechenzentren mit Wasser gekühlt werden, können die Abwärme-Temperaturen auf bis zu 60 Grad Celsius gebracht werden, was die Nutzung wesentlich vereinfacht. [18] Mit auf Wasserkühlung optimierten Anlagen konnte die Wärmerückgewinnung in einem Rechenzentrum in Barcelona auf 99 Prozent gesteigert werden.[19]

Strukturen der Datenverarbeitung anpassen

Rechenzentren bilden zwar den Kern der Datenverarbeitung, aber es ist sinnvoll, im Zusammenspiel der einzelnen Bestandteile der Datenverarbeitung nach Optimierungsmöglichkeiten zu suchen. Der einfachste Ansatz dafür ist eine Verminderung des Datenstroms auf das notwendige Maß. Schon lange wird die Qualität von Übertragungen immer weiter verbessert. Das gilt qualitativ (Videos und Bilder anstelle von Sprache und Schrift) und quantitativ durch ständige Verbesserung der Auflösung. Es geht aber auch anders: Während der Coronapandemie haben zum Beispiel Anbieter von Streamingdiensten die Auflösung verringert, um die Überlastung der Systeme zu vermeiden, und gewissermaßen nebenbei durch verringerte Datenströme pro Nutzer erheblich Energie eingespart. Anwendungen wie das Metaverse gehen in die entgegengesetzte Richtung und sind daher kritisch zu betrachten. Denkbar ist, dass einige Länder bei Energie-Engpässen neben der Einsparung bei anderen Industrien auch Datenübertragungen einschränken – ähnlich wie eine Höchstgeschwindigkeit von Autos. Offen bleibt, welchen Effekt das auf Innovation oder (internationale) Kommunikation hätte.

Bei der Optimierung des Gesamtsystems der Datenübertragung wird zukünftig auch das Zusammenspiel von Informationswirtschaft und Anwendern berücksichtigt werden müssen. Dabei geht es gleichermaßen um Energieverbrauch, Treibhausgase, Wasserverbrauch und Stromverbrauch. Endnutzergeräte sind größere Umweltsünder als Datenzentren, werden in größeren Mengen benötigt und besitzen einen schnelleren Erneuerungszyklus. Smartphones werden im Schnitt alle zwei Jahre, Laptops alle vier Jahre und Drucker alle fünf Jahre ausgetauscht.[20]

Thermoelektrische Generatoren

Diese bestehen aus zwei unterschiedlichen Halbleitermaterialien. Werden sie einer Temperaturdifferenz ausgesetzt, erzeugen sie durch den thermoelektrischen Effekt eine elektrische Spannung. In einem Generator können viele Zellen wie bei der Photovoltaik in Reihe geschaltet werden, wodurch eine höhere Spannung entsteht.

Auch im Büro kann angesetzt werden. Die meisten Büroarbeiten kommen ohne leistungsstarke Desktoprechner oder Laptops aus. Deshalb könnten in Großunternehmen die meisten stationären Arbeitsplätze mit Mini-PCs ohne energiehungrige Grafikkarten oder Hochleistungsprozessoren ausgestattet werden. So konnte das Umweltbundesamt aufzeigen, dass eine öffentliche Bundesverwaltung, die statt 90 Prozent Desktoprechnern 90 Prozent Mini-PCs installieren würde, ihre CO_2-Jahresemissionen von 74.000 auf 55.000 Tonnen reduzieren könnte.[21]

Besonders im Zusammenhang mit dem Ausbau des Internets der Dinge (IoT) und der 5G-Dienste gewinnt das Edge-Computing zunehmend an Bedeutung für die Reduzierung des Datenstroms und damit letztlich auch für die Ressourcenbegrenzung. Das Edge-Computing –

also die dezentrale Datenverarbeitung am Rand eines Netzwerkes – schafft eine Zwischenschicht zwischen dem Datencenter und den IoT-Endgeräten mit sensiblen Sensoren. Diese Zwischenschicht leistet nahe am Ort der Datengenerierung Vorarbeiten bei der Verarbeitung der Daten. Das stabilisiert das Gesamtsystem und reduziert den Übertragungsaufwand.[22]

Grüne IT – das Problem mit dem Elektronikschrott

Die Lebensdauer von IT-Systemen ist begrenzt. Neue verbesserte Bauelemente, komplexere Software und neue Forderungen der Anwender erzeugen einen ständigen Druck, die IT-Systeme zu erneuern. Dabei entstehen deutlich mehr als zwei Drittel der Kohlendioxid-Last eines IT-Produktes schon während seiner Herstellung. Besonders hoch ist dabei der Anteil der beim Nutzer vorhandenen Endgeräte.[23] Neben der Art der Herstellung beeinflusst natürlich die Lebensdauer der Geräte die pro Gerät freigesetzten klimaschädlichen Gase. Die Verlängerung der Lebensdauer eines Laptops von drei auf sechs Jahre spart circa 30 Prozent der durch die Hardware entstehende Treibhausgasbelastung. Gleiches gilt für Energiekosten. Eine solche Verlängerung ist oft auch ohne Probleme möglich. Meist sind es betriebswirtschaftliche Gründe in Unternehmen (Abschreibung) oder der Glauben von Endnutzern, immer die neueste Technik haben zu müssen, was den Austausch beschleunigt. Natürlich befeuern die Produzenten der Geräte diesen Glauben, besonders bei Smartphones. Bei einer Befragung in Deutschland gaben nur rund 11 Prozent der Befragten an, ihr Smartphone vor mehr als 3 Jahren gekauft zu haben, bei mehr als der Hälfte war es ein Jahr und weniger.[24] Die Informationswirtschaft selbst, insbesondere die Rechenzentren, versucht, durch Lifecycle-Management die Lebensdauer der Geräte zu optimieren. Während die Hersteller zum Beispiel empfehlen, Server alle fünf Jahre zu ersetzen, können diese Geräte allerdings je nach Nutzungsumgebung und Wartung bis zu zehn Jahre lang genutzt werden.[25]

Ungeachtet dessen ist die anfallende Menge an Elektronikschrott enorm und steigt zudem mit dem Digitalisierungsgrad. In Osteuropa liegt sie heute bei etwa 12 Kilogramm pro Einwohner, Westeuropa einschließlich Deutschland erreicht 20 Kilogramm und das weit in der Digitalisierung fortgeschrittene Nordeuropa 23 Kilogramm.[26] Diese Menge kann nicht einfach ungebremst weiter steigen, denn das bedeutet ja einen enormen Materialverbrauch. Setzt sich die aktuelle Entwicklung einfach fort, könnte der Bedarf für bestimmte heute schon knappe Rohstoffe, insbesondere seltene Erden, um ein Vielfaches ansteigen.[27] Um Computer, Smartphones und andere elektrische Geräte herzustellen, sind heute zwischen 30 und 35 Elemente, vor allem Edelmetalle, seltene Erden und andere Metalle, entscheidend. Das ist schon deshalb problematisch, weil diese Materialien zu großen Teilen in China gefördert werden, das insbesondere den Markt für seltene Erden beherrscht. Die dortige Produktion verursacht erhebliche Umweltschäden und führt zu einseitigen Abhängigkeiten bei strategischen Rohstoffen.

Für das kommende Jahrzehnt sind teils gravierende Anpassungen von Märkten und rechtlichen Vorgaben und Anreizen zu erwarten. Regelungen, die geplante Obsoleszenz, das heißt die Vorbestimmung der Nutzungsdauer durch die Gerätehersteller unabhängig vom realen Verschleiß, verhindern, vereinheitlichte Baustandards verlangen und das eigenständige Reparieren von Geräten ohne Garantieverlust erlauben, sind nur der Anfang. Bis 2030 ist von einer rapiden Weiterentwicklung auszugehen, die vor allem auf CO_2-Bepreisung, Lieferketten-Ausweisung und Circular-Economy-Ansätze abzielt und damit die Hardware-Welt verändern wird.

Sowohl Abfallreduktion als auch Recycling von Elektronikschrott stellen wichtige Entwicklungsfelder der Zukunft dar, die heute schon angegangen werden müssen. Besseres Abfallmanagement und die Einführung recyclingfreundlicherer und biologisch abbaubarer Materialien haben höchste Priorität, um Elektroschrott in eine Ressource zu verwandeln – das sogenannte »Urban Mining« muss in diesem Zusammenhang eine neue Qualität erreichen. Denn aktuell ermöglicht es zwar die Rückgewinnung bestimmter Materialien, aber noch mit stark eingeschränktem Umfang. Die heute verwendeten Verfahren brauchen viel Energie, erzeugen schwer zu entsorgende Abprodukte und produzieren Materialien, die oftmals nicht den hohen Anforderungen für den Wiedereinsatz genügen. Das betrifft insbesondere den Reinheitsgrad der gewonnenen Materialien. Aktuell ist die Branche noch weit von einer Kreislaufwirtschaft entfernt, die zur Verminderung von internationalen Abhängigkeiten und wegen der ökologischen Auswirkungen der Förderung neuer Materialien dringend angestrebt werden muss. Für seltene Erden fehlen Recyclingverfahren weitgehend. Bei Stoffen wie Gold, Kobalt, Nickel oder Zinn werden schon Rückgewinnungsquoten von 20 bis 50 Prozent erreicht. Erforscht wird der Einsatz von Bakterien, die seltene Erden für ihren Stoffwechsel benötigen.[28] In Zukunft wird sich hier viel tun: Biologische Verfahren wie Bioleaching mit Bakterien und Phytomining mit Pflanzen werden dabei helfen, seltene Metalle aus Elektro-Müllbergen zu extrahieren, indem sie diese in ihren Stoffwechsel einbauen. Ein ganz anderer Weg zur Entschärfung der Materialengpässe ist der Umstieg auf völlig neue Funktionsprinzipien. Quantencomputer zum Beispiel benötigen zwar erhebliche Kupfermengen für die Kühlanlagen, aber deutlich weniger seltene Erden (zum Beispiel Ytterbium).[29]

Grüne Software

Experten gehen von einer unbefriedigenden Nachhaltigkeit heutiger Softwaresysteme aus.[30] Das betrifft nicht nur deren Anforderungen an die Hardware und den von der Software beeinflussten Energieverbrauch. Vielmehr überfordert die Komplexität der Softwaresysteme inzwischen viele Organisationen. Forciert wird diese Komplexität durch das schnelle Wachstum der Softwaresysteme und aktuell den zunehmenden Einsatz von beispielsweise selbstlernenden KI-Systemen (Machine Learning). Hinzu kommen die Einbindung von externen Programmbibliotheken und Diensten sowie Architekturfehler. Der Umfang moderner Software und ihre externe Verknüpfung führen zur Auflösung des Bildes einer klassischen Maschine, in der eine bestimmte Eingangsgröße eine genau festgelegte Ausgangsgröße bewirkt. Ein Beispiel hierfür ist das klassische analoge Telefon: Sie drehen die Wählscheibe oder drücken einen Knopf und eine bestimmte Nummer wird gewählt. An ihre Stelle tritt das Bild von biologischen oder kybernetischen Systemen, die in Ökosysteme eingebettet sind. Sie entwickeln sich und altern, was wiederum ihre ständige Pflege und Aktualisierung erfordert. Werden diese kybernetischen Systeme durch Überforderung der Programmierenden oder durch den Verlust von Erfahrungswissen beim Wechsel von Programmiersprachen und dem Ausscheiden von Mitarbeitern nicht entsprechend ausgerichtet, kommt es zum Kontrollverlust, der jetzt schon allenthalben beklagt wird. Es kommt zu Datenverlusten, Sicherheitslücken und Fehlfunktionen. Auch der Energieverbrauch von IT-Systemen und die Anforderungen an die Leistungsfähigkeit sowie den Umfang der Hardware werden durch die verwendete Software beeinflusst.

Kybernetische Systeme

Konzepte, die sich mit Steuerung und Regelung in technischen, biologischen und sozialen Systemen befassen. Sie analysieren und modellieren das Verhalten dieser Systeme durch Rückkopplungs-Mechanismen und Selbstregulierung. Beispiel: Ein Thermostat misst die Raumtemperatur und reguliert bei Abweichungen von der eingestellten Wunschtemperatur durch Rückkopplung die Heiz- oder Kühlsysteme, um die entsprechende Temperatur zu erreichen.

Vor diesem Hintergrund ist es nicht verwunderlich, wenn gefordert wird, die Softwareentwicklung nachhaltig zu gestalten und die Fehler der Vergangenheit nicht in die Zukunft fortzuschreiben. Nachhaltigkeit ist dann mehr als die Begrenzung des Energieverbrauchs oder die Vermeidung unnötiger Hardware. Sie zielt auf das Zusammenwirken von IT-Hard- und Software und die Kommunikation mit externen Nutzern der Daten – im Sinne eines sich ständig verändernden Ökosystems. Das Stichwort dafür ist Green Coding. Programmierte Aufgaben sollen auf das Wesentliche reduziert werden. Schlankes und effizientes Programmieren durch leicht bedienbare Werkzeuge, einfachere Algorithmen und damit schlankere Software steht im Zentrum. Alle überflüssigen Schritte in Skripten, Berechnungen oder Code-Fragmenten sind zu vermeiden. Die Einsparungspotenziale durch das Verschlanken von Programmiercodes sind beträchtlich. So konnte zum Beispiel für die Kryptowährung Ethereum mit Code-Anpassungen der eigene Energieverbrauch um 90 Prozent gesenkt werden.[31] Durch effiziente Programmierung und Softwareentwicklung können generell der Energieverbrauch und die Nutzung natürlicher Ressourcen reduziert werden.

Wesentlichen Einfluss auf das erreichbare Effizienzniveau der Datenverarbeitungsanlage hat schon die Programmiersprache. Die verschiedenen Sprachen unterscheiden sich teilweise erheblich in den Dimensionen Energie-, Zeit- und Speichernutzung. So benötigt das sehr populäre Python 75-mal so viel Energie wie die klassische Sprache C.

Für die Zukunft ist zu erwarten, dass die Prinzipien des Green Coding sich mehr und mehr durchsetzen. Dafür liefern KI-Kopiloten wesentliche Unterstützung. Sie unterstützen auch den sogenannten No-Code-Ansatz sowie den Low-Code-Ansatz. Beim No-Code-Ansatz können Mitarbeiter aus Fachabteilungen ohne Programmiererfahrung Software-Anwendungen aus einfachen grafischen Bausteinen selbst zusammenstellen.[32] Bei Low-Code erfolgt die Anwendungsentwicklung nicht mehr auf der Basis von Textzeilen, sondern mit visuellen Hilfsmitteln. Programmierer und Fachleute und die KI können auf diese Weise einfacher zusammenarbeiten, um nicht nur rechentechnisch funktionale, sondern auch energieoptimierte Software zu bauen.

Den Klimawandel bremsen und die Welt retten mit Informationstechnologie?

Fast immer, wenn bei Diskussionen um die Wege zur Dekarbonisierung Hoffnungen auf neue und überraschende Ansätze geäußert werden, kommt die Informationstechnologie ins Spiel. Mit Supercomputern, durchgängiger Digitalisierung, Künstlicher Intelligenz oder gar Quantencomputern sollte es doch möglich sein, etwas herauszufinden, zu entwickeln und zu bauen, was bisher nicht denkbar scheint. Der Hype um die generative KI wie ChatGPT im Jahr 2023 und die damit erneut aufgeflammte Diskussion um Superintelligenzen, die den Menschen übertreffen, befeuern diese Hoffnungen, soweit sie nicht eher neue Ängste schüren. Auch bei nüchterner Betrachtung der Möglichkeiten der Informationstechnologien ist es nicht unrealistisch, dass neue Werk- oder besser Denkzeuge auch neue Möglichkeiten schaffen.

Die Hoffnungen auf ein wie auch immer geartetes Wunder werden aber bescheidener, wenn man einen Blick in die jüngere Vergangenheit wirft. Im Rahmen eines von zwei Berliner Instituten realisierten Projektes wurde untersucht, welche Klimaschutzwirkung die Digitalisierung bisher hatte. Die Ergebnisse waren mehr als ernüchternd. So wurde festgestellt, dass die Energienachfrage einer Volkswirtschaft um 0,11 Prozent sinkt, wenn das IKT-Kapital einer Volkswirtschaft um ein Prozent ansteigt. Wenn der Energiebedarf bestimmter Branchen entlang der gesamten Wertschöpfungskette betrachtet wird, ist sogar gar kein Einfluss der IKT-Ausstattung auf den Energieverbrauch mehr feststellbar. Noch trauriger ist das Bild im Softwaresektor. Steigt das Softwarekapital bei gleichbleibenden Energiekosten um ein Prozent, verbessert sich die Energieeffizienz um 0,007 Prozent.[33] Als Ursachen für die mangelnden Effekte wurden die bereits erwähnten Rebound-Effekte, Substitution und Parallelnutzung ermittelt. So senkt zum Beispiel Cloud-Computing den internen Energie- und Gerätebedarf, ermöglicht aber auch neue Anwendungen und Dienste, die den Konsum verstärken. Mit anderen Worten: Die digitalen Technologien können zwar den Energie- und Materialbedarf am Ort ihrer Anwendung senken. Die Kompensation oder Überkompensation durch neue Bedürfnisse zu bremsen, liegt aber nicht in ihrer Macht, das ist und bleibt eine gesellschaftliche Aufgabe.

Es lohnt sich also auf jeden Fall, auf die Informationstechnologien für die Entwicklung neuer Möglichkeiten zur Dekarbonisierung zu setzen – allerdings nur, wenn sie tatsächlich als »Denkzeuge« und nicht als Wundertäter angesehen werden.

Künstliche Intelligenz und Quantencomputer als »Denkzeuge« der fünften industriellen Revolution

Beginnen wir mit der Künstlichen Intelligenz, wobei der Schwerpunkt auf selbstlernenden Algorithmen liegt, etwa zur Erhöhung der Energieeffizienz und Verbesserung des Ressourcenmanagements. Durch den Einsatz von Algorithmen zur Analyse großer Datenmengen können Potenziale für Energieeinsparungen identifiziert und praktisch erschlossen werden, beispielsweise durch die effiziente Steuerung von Stromnetzen, das Monitoring und die Optimierung des Energieverbrauchs in Gebäuden oder die effiziente Nutzung von Ressourcen in der Produktion. Im Feld der erneuerbaren Energien kann durch die Analyse von Wetterdaten und Energieerzeugungsmustern mit KI-Systemen die Stromerzeugung aus erneuerbaren Quellen wie Sonne und Wind optimiert und die Integration erneuerbarer Energien in das Stromnetz erleichtert werden. In Kapitel 6 »Landwirtschaft und Ernährung« wurde bereits dargestellt, wie KI in der Landwirtschaft eingesetzt werden kann, um den Einsatz von Pestiziden und Düngemitteln zu optimieren, den Wasser- und Energieverbrauch zu reduzieren und die Produktivität zu steigern. Dazu gehört die Analyse von Umweltdaten, Satellitenbildern und Pflanzenmerkmalen. Auch für das Indoor-Farming ermöglichen KI-Systeme neue Leistungsmerkmale. Ein Beispiel ist die Firma Aero-Farms in New York. Sie produziert auf 6.000 Quadratmetern jährlich 900.000 Kilogramm Blattgrün. Die Pflanzen werden durch die Luft mit Wasserdampf und Nährstoffen versorgt. Die Steuerung des Systems erfolgt durch KI-gestützte Analyse der Daten von 130.000 Sensoren, die mit selbstlernenden Algorithmen verarbeitet werden. Digitale Zwillinge von Maschinen und Anlagen bewirken eine energieoptimierte Fahrweise und eine vorrausschauende Wartung, was die Lebensdauer und Verfügbarkeit erhöht und dadurch Material einspart.[34]

Die meisten der dargestellten Beispiele sind eher evolutionärer Natur. Aber können KI-Systeme auch sogenannte Sprunginnovationen hervorbringen, die tatsächlich aus den ausgetretenen Pfaden herausführen? Sprunginnovationen optimieren nicht die bestehende Technologie, sondern bringen neue Technologien hervor, welche die Welt verändern. Sie können es – aber nicht allein. Auch bei dieser Aufgabe sind sie nur Partner der Menschen, die mit ihnen arbeiten. Das betrifft zunächst Datenanalyse und Mustererkennung: KI-Algorithmen sind bestens in der Lage, große Datenmengen zu analysieren und Muster zu erkennen, die für die menschliche Wahrnehmung schwer zugänglich sind. Beispielsweise die Frage, welche Werkstoffkombination geeignet ist als Katalysator in chemischen Prozessen oder als Elektrode in neuartigen Batterien. Mit KI lassen sich arbeitsaufwändige Laborprozesse automatisieren, sodass den Forschenden mehr Zeit bleibt für die eigentliche kreative Tätigkeit. Nicht zuletzt sind mit ihnen auch Simulationen aufwändiger Prozesse am Rechner anstelle von Tausenden einzelnen Experimenten im Labor möglich. Wie das Beispiel der KI-gestützten Software »Path to Zero« zeigt, ist auch die Ermittlung betrieblicher Strategien zur Senkung des Ausstoßes klimaschädlicher Gase mittels Künstlicher Intelligenz durchaus vielversprechend.[35]

ChatGPT stieß gerade in der Wissenschaft auf viel Zustimmung: Schon heute können mit generativen KI-Modellen innovative Ideen erstellt werden, indem sie verschiedene Konzepte kombinieren und neue Lösungen vorschlagen. Dies kann zu kreativen Durchbrüchen und Sprunginnovationen führen, zum Beispiel in der Materialwissenschaft. Denkbar ist, dass damit neue Materialien mit spezifischen gewünschten Eigenschaften entworfen werden. Mit zunehmender Verfügbarkeit generativer KI, die Trainingsdaten mit einem aktuellen Netzzugang kombinieren (zum Beispiel ChatGPT-4), ist auf diesem Gebiet sicher einiges zu erwarten. Der wichtigste Faktor dabei jedoch: die Kooperation mit klugen Menschen.

Innerhalb klassischer Systeme sind oft nur marginale Verbesserungen möglich. Quantentechnologien können aber dazu führen, dass nicht weiter an der Optimierung des Pferdes gearbeitet, sondern endlich das Auto eingeführt wird! Auch wenn es deutlich schwieriger ist, einzuschätzen, welche Möglichkeiten tatsächlich entstehen, wenn Quantencomputer in der Klima-Transformation eingesetzt werden, ist klar: Sie sind ein wichtiger Schlüsselfaktor in dieser Entwicklung. Gerade in Verbindung mit Algorithmen liegen viele Chancen, denn herkömmliches maschinelles Lernen ist durch die Nutzung klassischer

Daten eingeschränkt. Hybride oder reine Quantenarrangements können die Lerngeschwindigkeit der Systeme drastisch steigern.

Das betrifft beispielsweise die Simulation von Molekülen und Reaktionsmechanismen, für die Quantencomputer schon deswegen geeignet sind, weil Quantencomputer nach ähnlichen Spielregeln arbeiten wie in der Quantenchemie. Auf diese Weise können komplexe chemische Reaktionen und Molekülstrukturen simuliert werden, um neue Materialien für erneuerbare Energien oder effizientere Katalysatoren zu entwickeln. Ähnliches gilt auch für chemische Prozesse in Energietechnologien. So werden im Deutschen Zentrum für Luft- und Raumfahrt Quantencomputer für die Optimierung von Batterien und Brennstoffzellen eingesetzt. Quantencomputer simulieren dort elektrochemische Vorgänge im Inneren der Energiespeicher und schaffen Voraussetzungen für den Bau kleinerer und leichterer Energiespeicher.[36] Ein interessantes Feld zur Erhöhung der Nachhaltigkeit bietet die Optimierung von Verkehrsflüssen oder Logistikprozessen, um den Energieverbrauch zu reduzieren und die Effizienz zu verbessern. Der globale Verkehrssektor allein verbraucht etwa ein Viertel der gesamten weltweiten Energie. Mithilfe von Quantencomputern können Routen optimiert, der Kraftstoffverbrauch verringert oder die Batterien für Elektrofahrzeuge verbessert werden.[37] Wie der VW-Konzern in Pilotprojekten in Peking für Taxis und in Lissabon für Busse bereits erprobt hat, können durch die Verwendung quantenoptimierter Algorithmen komplexe Optimierungsprobleme schneller und präziser gelöst werden. In Lissabon umfasst das die Prognose des Fahrgastaufkommens und die Routenoptimierung.[38] Für die Optimierung der Energieanwendung in digitalen Systemen wird mit Quantencomputern untersucht, wie Informationen über elektromagnetische Wellen anstelle von leitungsgebundenen Elektronen übertragen werden können, was die Wärmeverluste drastisch senkt.[39] Auch für die Optimierung von Stromnetzen mit vielen lokalen Quellen und Verbrauchern mittels Quantencomputern gibt es vielversprechende Forschungsansätze.[40] Einen nicht geringen Beitrag zum Ausstoß von CO_2-Äquivalenten leistet der Mensch allein durch sein Grundbedürfnis, ernährt zu sein. Ohne künstlich produzierte Dünger wären wir heute nicht in der Lage, die gesamte Menschheit zu ernähren. Das dafür hauptsächlich verantwortliche Verfahren ist das Haber-

Bosch-Verfahren, das allein für 2 Prozent des weltweiten Energieverbrauchs und etwa 1,4 Prozent des CO_2-Ausstoßes verantwortlich ist.[41] Und gleichzeitig sind uns Nitfrizierer bekannt, aerobe Bakterien, die in der Lage sind, Nitrite und Nitrate zu produzieren, also chemische Bausteine, die für die Produktion von Düngern erforderlich sind. Offensichtlich benötigen diese Bakterien keine gigantischen Druckkessel in ihrem Stoffwechsel. Gelänge es, den Stoffwechsel der Nitrifizierer zu entschlüsseln, wäre es eventuell möglich, Verfahren zu entwickeln, die Haber-Bosch ablösen können. Die dafür benötigte Rechenleistung ist selbst mit heutigen Großrechnern nicht aufzubringen. Quantencomputer können hier abhelfen. Die Aufzählung ließe sich fortsetzen. Meist handelt es sich um Forschungsprojekte oder Spekulationen, denn noch lässt der Durchbruch der Quantentechnologie auf sich warten. Inhaltlich ist eine gewisse Konzentration auf Simulationen zu beobachten, wofür die Quantentechnologie enorme Potenziale aufweist.

Auch wenn der Weg von der Simulation zur Produktion neuer Werkstoffe oder zur konkreten Steuerung von Strom- oder Verkehrsnetzen viele Herausforderungen mit sich bringt, ist dennoch in den nächsten Jahren und Jahrzehnten ein Durchbruch auf unterschiedlichen Ebenen zu erwarten. So gesehen wird die fünfte industrielle Revolution durch neue Informationstechnologien und ihre Anwendung entscheidend beschleunigt. Zur Senkung des Energie- und Materialverbrauchs und damit zur Verringerung klimaschädlicher Emissionen eingesetzte Rechenleistung ist ein Baustein zur Rettung des Planeten – nicht mehr und nicht weniger.

Beispiel: Entwicklung neuer Medikamente mit KI und Quantencomputern

Die bisher genannten Möglichkeiten hoch entwickelter Rechentechnik werden nachfolgend durch ein Beispiel ergänzt. Schauen wir uns die Entwicklung neuer Medikamente an, ein äußerst aufwändiger Prozess, der enorm viel Geld und Ressourcen verschlingt. Angegeben werden Kosten zwischen weit über 100 Millionen bis zu fast vier Milliarden

Euro für ein Medikament.[42] Die Kosten liegen so hoch, weil ein langer Weg von der Ermittlung des medizinischen Bedarfs über das Finden therapeutischer Targets (Angriffspunkte im Krankheitsgeschehen), die Entwicklung entsprechender Wirkstoffe und die aus drei Etappen mit zunehmender Patientenzahl bestehende klinische Phase durchschritten werden muss. Daran schließen sich noch die Zulassung und weitere Studien nach der Zulassung an.[43]

KI und Quantencomputer können den Prozess wirksam unterstützen. Das beginnt mit der Identifizierung potenzieller Wirkstoffe: KI kann große Datenmengen aus verschiedenen Quellen analysieren, einschließlich biologischer, chemischer und genetischer Informationen. Algorithmen und maschinelles Lernen machen es möglich, Muster und Zusammenhänge zu erkennen, um potenzielle Wirkstoffe zu identifizieren, die in der traditionellen Forschung vielleicht übersehen wurden. Der nächste Schritt betrifft die Vorhersage von Wirkungsmechanismen: KI kann bei der Vorhersage von Wirkungsmechanismen und Nebenwirkungen unterstützen, indem sie komplexe biologische und chemische Interaktionen modelliert. Dadurch können Forschende potenzielle Kandidaten frühzeitig aussortieren und vielversprechende Wirkstoffe gezielter untersuchen. Die Optimierung von Wirkstoffen daran anschließend ist ein zeitaufwändiger Prozess, der normalerweise viele Wiederholungsschleifen erfordert. KI kann dabei helfen, virtuelle Screening-Methoden zu entwickeln, um den Optimierungsprozess zu beschleunigen. Durch die Simulation der Wechselwirkungen zwischen dem Wirkstoff und dem Zielmolekül lässt sich die Wahrscheinlichkeit einer erfolgreichen Optimierung steigern. Auch bei den klinischen Studien gibt es Optimierungspotenziale. KI-Systeme können Patientendaten analysieren, um potenzielle Biomarker zu identifizieren, damit Patienten, die von einem bestimmten Medikament profitieren würden, mit höherer Wahrscheinlichkeit identifiziert werden können. Die Summe dieser Anwendungsfelder ermöglicht es, Tierversuche zu reduzieren, den Entwicklungsprozess zu beschleunigen und auch die Sicherheit der Wirkstoffe zu erhöhen – alles Maßnahmen im Sinne der Nachhaltigkeit.

Quantencomputer verbessern die Möglichkeiten und verringern den Aufwand nochmals. Sie können komplexe chemische Reaktionen simulieren und dabei potenzielle Kandidaten identifizieren, die bestimmte Zielmoleküle effektiv binden und beeinflussen können. Ihre Stärke liegt aber vor allem in der Lösung von Optimierungsproblemen. In der Medikamentenentwicklung können sie beispielsweise bei der Identifizierung der optimalen Wirkstoffkombination oder bei der Suche nach den effizientesten Synthesewegen helfen.[44]

8. Zukunft Bergbau

Auf der Reise

Die Fahrt auf der Landstraße von Zwickau in Sachsen nach Thüringen führt vorbei an kilometerlangen Hügeln. Was das wohl sei, fragt Anna ihren Opa. Seine Antwort wirkt gestresst. Das sind Millionen Tonnen von Abraum aus der bis 1990 laufenden Uranförderung in dieser Gegend. Das strahlende Material wurde untertägig und in riesigen Tagebauen gefördert. Das in Thüringen und Sachsen abgebaute Uran war die Grundlage für das sowjetische Kernwaffenprogramm und die Bestückung der Atomreaktoren in Osteuropa. Opa hat selbst mal dort gearbeitet. Glücklicherweise nicht untertägig. Sonst wäre er vermutlich schon lange an vom radioaktiven Staub verursachten Lungenkrebs gestorben so wie viele seiner Freunde und Bekannten. Das also ist Bergbau, denkt Anna. Und sie ist froh, dass in ihrer Heimat bei Leipzig die riesigen Braunkohletagebaue schon lange geschlossen sind. Anstelle der Mondlandschaften, die sie nur vom Foto her kennt, gibt es heute Seen mit Erholungsangeboten. Bergbau, ein Relikt der Vergangenheit? Als sie Opa danach fragt, wirkt der nicht so überzeugt. Die Uranerzförderung ist vorbei und Braunkohle brauchen wir glücklicherweise auch bald nicht mehr. Aber was ist mit den riesigen Mengen an Eisen beziehungsweise Stahl für den Autobau oder den in Windrädern oder Solarzellen enthaltenen Metallen und Mineralien? Irgendwo müssen die ja auch herkommen.

Bergbau in Deutschland – früher und heute

Deutschland war einmal ein bedeutsames Bergbauland. Ein erheblicher Teil seines wirtschaftlichen Aufstieges war der Förderung einheimischer Bodenschätze zu verdanken – und das, obwohl Deutschland nach heutigen Maßstäben relativ arm ist an mineralischen Rohstoffen. Im Mittelalter war Deutschland führend in der Entwicklung von Bergbautechnologien. Bergbauprodukte wie Silber und Salz waren entscheidend für Aufstieg und Fall einzelner Regionen, Städte und Fürstentümer. Das blieb auch noch zu Beginn der Industrialisierung so, als Massenrohstoffe wie Kohle und Eisenerz an Bedeutung gewannen. Nach dem

Zweiten Weltkrieg öffneten sich die Weltmärkte und das Angebot ausländischer Rohstoffe explodierte. Einheimische Lagerstätten konnten mit den Preisen der Exportländer nicht mithalten und verloren ihre Bedeutung. Ausnahmen waren zunächst Braun- und Steinkohle, Salze und Baurohstoffe wie Steine und Erden. Mit Salzen und Baurohstoffen kann sich Deutschland bis heute selbst versorgen.[1] In allen anderen Bereichen ist Deutschland Importland und zählt weltweit zu den wichtigsten Verbraucherländern.

Umweltwirkungen des Bergbaus

Was nach dem Auslaufen des Bergbaus blieb, waren riesige Umweltschäden. An der Spitze der wenig bekannte Uranbergbau, der neben Millionen Tonnen kontaminiertem Abraum auch rund 160 Millionen Kubikmeter radioaktive Schlämme hinterlassen hat. Das sind die Reststoffe der chemischen Abscheidung des Urans vom tauben Gestein. Mehr im Bewusstsein der Öffentlichkeit sind die Bergabsenkungen im Ruhrgebiet als Folge des Steinkohleabbaus oder die riesigen Tagebaurestlöcher durch den Braunkohleabbau. Letztere verbunden mit großflächigen Grundwasserabsenkungen, der Abbaggerung ganzer Ortschaften und der Auswaschung von giftigen Stoffen wie Sulfat bei Wiederanstieg des Grundwassers nach Ende der Nutzung. Im Erzbergbau wurden große Mengen an Abraum und Abwässern produziert, die mit Schwermetallen belastet waren und in Flüsse gelangten. Dies führte zur Beeinträchtigung der Wasserqualität und hatte negative Auswirkungen auf die Tier- und Pflanzenwelt. Der Salzbergbau führte ebenfalls oft zu Bergsenkungen und damit einhergehenden geologischen Veränderungen. Diese Bergsenkungen verursachten Schäden an Gebäuden und Infrastruktur in Millionenhöhe.

Ein sehr enger Bezug besteht zwischen Bergbau und der Freisetzung klimaschädlicher Gase und damit dem Klimawandel. Tatsächlich ist der Bergbausektor extrem energieintensiv und gilt als einer der größten Emittenten von Treibhausgasen. Treibhausgase entstehen dabei auf drei Wegen: zunächst durch den hohen Energieaufwand für die Abbauprozesse. Dieser Aufwand steigt tendenziell durch immer tiefere Bergbauanlagen und den geringeren Erzgehalt bei mineralischen Rohstoffen. Auch die Förderung von Stoffen wie seltene Erden, deren Anteil im gebrochenen Gestein extrem niedrig ist, steigert den Energieaufwand und damit die Klimawirkung. Beispielsweise in Schweden wird die Konzentration erkundeter Vorkommen seltener Erden auf etwa 0,2 Prozent pro Tonne Erz geschätzt.[2] Verringern lässt sich die Freisetzung, wenn zur Energieerzeugung erneuerbare Energiequellen genutzt werden, was aber bisher eher selten erfolgt. Da große Teile der Fördertechnik heute elektrisch betrieben werden, ist eine solche Umstellung aber durchaus möglich.

Die zweite Quelle klimaschädlicher Gase sind Leckagen oder Ausgasungen im Förderprozess. Diese betreffen vor allem Methangas. Es entsteht unter anderem beim Abbau von Kohle oder bei der Förderung von Erdöl und Erdgas. In Deutschland mit seinen hohen Umweltstandards und der extrem geringen Förderung stammen etwa 9 Prozent der gesamten Methanemissionen aus der Erdöl- und Erdgasindustrie. Viel dramatischer sind allerdings die Methanemissionen in den Erdgas- und Erdölförderländern. Durch Auswertung der Daten von Erdbeobachtungssatelliten wurden allein 1.800 sehr große Methan-Lecks ermittelt, aus denen jedes Jahr Millionen Tonnen Methan in die Atmosphäre fließen, teils aus Gleichgültigkeit, teils auch weil der Aufwand gescheut wird, bei der Erdölförderung frei werdendes Erdgas aufzufangen und zu verkaufen. Eine völlig untragbare Situation.[3] Es sind vor allem fehlender politischer Wille und mangelnde Investitionstätigkeit in den Förderländern, die grundlegende Veränderungen verhindern. Die dritte Quelle sind die Produkte des Bergbaus selbst. Die Förderung fossiler Energieträger ist einer der größten Zweige des Bergbaus. Nur was hier gefördert wird, kann später in der Energiewirtschaft verstromt, zur Heizung von Häusern genutzt oder zu Kraftstoff für den Verkehrssektor verarbeitet werden.

Betrachtet man die Bedeutsamkeit der drei Quellen im Vergleich, so wird sehr schnell deutlich: Die dritte Quelle ist nicht nur die weitaus größte, sondern auch die am schwersten zu reduzierende Quelle. Denn um hier zur nachhaltigen Reduzierung zu kommen, ist die einzige Lösung, insbesondere die Förderung der fossilen Rohstoffe nicht nur zu begrenzen, sondern in letzter Konsequenz ganz einzustellen.

Und zwar nicht, weil an anderer Stelle die Produktion kostengünstiger ist, sondern aufgrund grundsätzlicher Erwägungen. Angesichts der Bedeutung der fossilen Rohstoffe für unsere gegenwärtige Wirtschaftsform und der Macht ihrer Vertreter und Profiteure klingt das utopisch. Für das Überleben der Menschheit ist es aber unabdingbar.

Der Bergbau ist aber nicht nur Treiber des Klimawandels, sondern gilt als besonders anfällige Branche für die Folgen des Klimawandels. Besonders die steigenden Energiekosten, aber auch massiv ansteigende Forderungen des Umweltschutzes machen den Unternehmen zu schaffen. Im Zusammenhang mit Umweltschäden besteht auch die Gefahr von Reputationsrisiken der Bergbauunternehmen. Diese werden noch verstärkt, wenn die Unternehmen in ökologisch sensiblen Regionen arbeiten. Befürchtet wird, dass die Bevölkerung in den betroffenen Regionen bergbauliche Projekte zunehmend ablehnt, zudem Vorbehalte der Kapitalgeber und verschärfte Umweltauflagen. In der Folge wäre eine ausreichende Belieferung der Industrie mit Bergbauprodukten nicht mehr gesichert, was erhebliche Beeinträchtigungen der wirtschaftlichen Entwicklung nach sich ziehen würde.[4]

Rohstoffe für Deutschland und Europa – Vergangenheit und Gegenwart

Lange Zeit konnte sich Deutschland oder zumindest die alte Bundesrepublik beim Bergbau mit den Ausnahmen Stein- und Braunkohle, Kali- und Steinsalz sowie Steine und Erden weitgehend aus dem Bergbau zurückziehen. Im Osten Deutschlands war das nicht so einfach. Dort wurde zum Beispiel auch noch Uran, Kupfer und Silber in bedeutenden Größenordnungen gefördert. Die wirtschaftlich expandierende Bundesrepublik konnte sich im Rahmen der Globalisierung auf funktionierenden Märkten jederzeit mit den benötigten Rohstoffen eindecken. Deutsche Firmen verließen sich darauf, dass Globalisierung und weltumspannende Lieferketten funktionieren. Internationale Arbeitsteilung war gleichbedeutend mit einer Konzentration auf das Kerngeschäft. Die westlichen Industrieländer dominierten die Nachfrage nach

Rohstoffen, Entwicklungsländer traten meist stärker als Erzeuger von Rohstoffen in Erscheinung. Sie waren es auch, bei denen die Umweltfolgen des Abbaus der Rohstoffe verblieben. Die Länder des Ostblocks, insbesondere die Sowjetunion, versorgten sich selbst und exportierten zudem alle verfügbaren Überschüsse. Deutschland wurde »sauberer«, aber um den Preis der Umweltzerstörung in anderen Weltregionen.

Vieles davon ist Vergangenheit, neue Konkurrenten wie insbesondere China und darüber hinaus der gesamte asiatische Kontinent schreiben die Regeln für die Verteilung der knappen Rohstoffe neu. Vor allem aber hat der Machtkampf um Russlands Gas mit aller Brutalität enthüllt, wie sehr Rohstoffe und Handelswaren zur Waffe werden können. Was wir erleben, ist ein Wirtschaftskrieg, der die Sicherheit von Verträgen und Abkommen grundsätzlich unterläuft. Autokraten unterschiedlicher Spielart suchen nach Möglichkeiten, ihre Interessen ohne Rücksicht auf internationale Verträge und Regelungen durchzusetzen.[5] Manche Kommentatoren sprechen inzwischen von der Erosion der regelbasierten Ordnung.[6]

Das hat auch zwangsläufig Einfluss auf den Umgang mit dem Thema Bergbau in Deutschland und Europa, denn Deutschland ist genau wie Europa abhängig von den weltweiten Rohstofflieferungen. Das gilt für alle Sektoren, in besonderer Weise aber für die grüne Transformation mit den Schwerpunkten Energie- und Verkehrswende. Bei 14 kritischen Rohstoffen ist Deutschland komplett auf Importe angewiesen. 30 Rohstoffe werden als kritisch eingestuft, das bedeutet, sie sind unerlässlich für die wirtschaftliche Entwicklung und unterliegen einem erhöhten Lieferrisiko. Beispiele sind Lithium, Magnesium oder Kobalt. Und natürlich die seltenen Erden, die insbesondere für die grüne Transformation bedeutsam sind. Ihr Bezug erfolgt meist aus wenig demokratischen Ländern wie China. Bei seltenen Erden übernimmt China nicht nur 90 Prozent der Förderung, sondern beherrscht auch als Monopolist die Herstellung der einzelnen Arten seltener Erden aus dem Erz. Klar, dass aufgrund dieser Abhängigkeit politisch motivierte Lieferstopps befürchtet werden. Deutschland und Europa kommen nicht umhin, sich hinsichtlich der Versorgung mit kritischen Rohstoffen neu aufzustellen. Die Sorge, die grüne Transformation würde an einem Mangel an geeigneten Materialien scheitern, ist grundsätzlich berechtigt, denn mit dem grünen Umbau der Technologie, insbesondere auch mit Energie- und Verkehrswende, steigt der Bedarf spezieller Materialien wie Kupfer, Lithium oder Seltenerdmetalle wie Neodym, Dysprosium und Praseodym bis 2050 teilweise um mehr als das Zwanzigfache an. Auch Aluminium, Nickel und Silizium werden mehr benötigt. Aber auch wenn dieser enorme Zuwachs berücksichtigt wird, hat eine Studie ergeben, dass alle für die Energiewende benötigten Materialien in ausreichendem Maße vorhanden sind. Und fast genauso wichtig: Die durch den Abbau und die Verarbeitung der Rohstoffe entstehenden CO_2-Emissionen erreichen bei weitem nicht die befürchteten Größenordnungen. Die Untersuchung kommt zu dem Ergebnis, dass durch den Umbau der Energieinfrastruktur bis 2050 nicht mehr Emissionen entstehen, wie aktuell innerhalb eines Jahres durch Verbrennung fossiler Energieträger erzeugt werden.[7]

Potenziale des Bergbaus in Europa und in Deutschland

Die vornehme Zurückhaltung Deutschlands und Europas wird sich vor dem Hintergrund der generellen Verknappung von Rohstoffen und der Verwendung von Rohstoffen als Waffe in der weltpolitischen Auseinandersetzung nicht aufrechterhalten lassen. Die vom Rohstoffabbau in anderen Kontinenten ausgehende Umweltzerstörung und die dortigen sozialen Folgen werden zwar kritisiert, aber gleichzeitig setzt man auf den Import der Rohstoffe. Nachhaltigkeit sieht aber anders aus. Industrielle Produktion kann auf Dauer nur mit einer unter hohen Umweltstandards erfolgenden eigenen Förderung fortgeführt werden. Konkret bedeutet das die Erschließung neuer Förderstätten, was mit großer Wahrscheinlichkeit auf den Widerstand der Menschen vor Ort stoßen wird. Sie fürchten eine Zerstörung der Umwelt und die Verschmutzung des Grundwassers. Daher muss die Politik Wege finden, wie die lokale Bevölkerung zum Profiteur und nicht zum Leidtragenden des neuen Bergbaus wird. Das beginnt mit der frühzeitigen Bürgerbeteiligung an Genehmigungsverfahren und reicht bis hin zur finanziellen Beteiligung der Kommunen und ihrer Bürger an den erzielten Gewinnen. Ganz selbstverständlich werden zukünftig möglichst umweltschonende Abbauverfahren und verbindliche Pläne für die Rekultivierung zur Anwendung kommen. Beispiele für die Umsetzung der Bürgerbeteiligung sind etwa die Einbeziehung von Kommunen in die Errichtung von Windparks oder die regionalen Netzwerke zur Entwicklung energieautarker Gemeinden.

In Deutschland und Europa gibt es durchaus wirtschaftlich erschließbare Bodenschätze. Ein Beispiel ist das für die Energiewende begehrte Metall Lithium. Bislang kommen die Gesteine vor allem aus Australien, Südamerika und China. In chinesischen Raffinerien wird dann aus dem Erz Lithium gewonnen. Die größten Vorräte besitzt Chile, der größte Produzent ist Australien.[8] Inzwischen wurden auch in Deutschland nennenswerte Vorräte entdeckt. In Zinnwald im Erzgebirge wurde bereits 1890 Lithium abgebaut. Seit einigen Jahren läuft die Erkundung wieder und »das neue Berggeschrey« weckt die Hoffnung auf eine Wiederaufnahme der Förderung. Die Vorkommen werden auf 125.000 Tonnen geschätzt. Zumindest probeweise wird Lithium im Schwarzwald aus Thermalwasser in mehr als 1.000 Meter Tiefe gewissermaßen nebenbei beim Betrieb eines Kraftwerkes gewonnen. Insgesamt soll es in Deutschland Lithium-Vorräte im Umfang von 2,6 Millionen Tonnen geben.[9] Welcher Teil davon wirtschaftlich gewonnen werden kann, ist noch offen. Auf jeden Fall ist Deutschland bei der umweltfreundlichen Produktion von Lithium gut positioniert. Im Oberrheingraben arbeitet die erste integrierte Pilotanlage zur CO_2-freien Produktion von Lithiumchemikalien. Die Produktionskosten liegen durch die Kopplung von Energiegewinnung und Lithiumproduktion in ähnlichen Bereichen wie in Südamerika.[10] In Guben (Spree-Neiße) steht der Baustart für einen Lithiumkonverter bevor. Dort sollen jährlich 24.000 Tonnen Lithiumhydroxid für Batterien von 500.000 Elektroautos produziert werden.[11] Die direkte Lithium-Extraktion (Direct Lithium Extraction), wie sie zum Beispiel in der Atacamawüste in Chile verprobt wird, könnte dafür sorgen, dass die Produktion von Lithium verdoppelt wird, während Abfälle oder Wasserverbrauch verringert werden. Statt Monaten dauert diese Form der Lithium-Gewinnung nur wenige Stunden.[12]

Auch für die seltenen Erden werden europäische Abbaumöglichkeiten erkundet. In Schweden wurden riesige Lagerstätten jenseits des

Polarkreises entdeckt. Fünf Millionen Tonnen Seltene-Erden-Oxide liegen dort. Das ist die größte Lagerstätte in Europa.[13] Große Hoffnungen verbinden sich auch mit der Entdeckung der zweitgrößten Lagerstätte der Welt in der Türkei.[14] Fast 700 Millionen Tonnen sollen dort lagern. Allerdings macht insbesondere die Gewinnung seltener Erden deutlich, dass es mit dem Erkunden der Lagerstätten nicht getan ist. Denn die in vielfältigen Kombinationen und in geringer Konzentration vorliegenden Mineralien müssen in sehr aufwändigen Verfahren, die zudem enorm umweltschädlich sein können, voneinander getrennt und verarbeitet werden. Dafür sind umfangreiche Investitionen von mindestens einer Milliarde Dollar pro Lagerstätte nötig. Von der Erschließung bis zur Auslieferung der ersten Erze werden zum Beispiel in Schweden 15 Jahre vergehen. Vor allem aber ist spezifisches Know-how für die Trennung der einzelnen Komponenten notwendig, welches aktuell nur China besitzt. Um dieses Know-how aufzubauen, sind nach Ansicht von Experten auch im Zeitalter von Super- und Quantencomputer langjährige Verfahrenserprobungen erforderlich.[15] Vor ähnlichen Herausforderungen steht die in Deutschland angepeilte Erschließung von sogenannten Komplexerzen. Das sind aus vielen verschiedenen Erzen zusammengesetzte Lagerstätten. In einem Pilotprojekt haben Forscher Methoden entwickelt, um diese Komplexerze unter Beachtung wirtschaftlicher Aspekte aufzubereiten.[16]

Die Beispiele zeigen die Herausforderungen bei der Erschließung neuer Rohstoffvorkommen in Europa. Leicht erschließbare Lagerstätten gibt es nicht mehr. Der Aufwand beim Finden neuer Rohstoffvorkommen, der Förderung und der Verarbeitung ist enorm und wird durch die hohen Umweltstandards weiter gesteigert. Der Bergbau der Zukunft einschließlich der Verarbeitung der gewonnenen Materialien wird nicht nur viel Geld, sondern auch umfangreiche wissenschaftliche Forschungen erfordern. Dabei kommt modernster Rechentechnik bis hin zum Quantencomputer im All und auf der Erde eine entscheidende Rolle zu: im All für die Suche nach neuen Lagerstätten mit Satelliten; auf der Erde ebenfalls für die Suche, aber auch für die Entwicklung neuer Aufbereitungsverfahren für in geringer Konzentration vorliegende Rohstoffe. Was da zukünftig möglich ist, zeigt die Entwicklung neuartiger Quantensensoren, mit denen Objekte unter der Erdoberfläche in einer Qualität vermessen werden können, die bisher unvorstellbar war. Die Hoffnungen reichen bis zu einer detaillierten Kartierung des Untergrundes.[17] Hoffnungen gibt es auch, chemische Prozesse mit Quantencomputern so zu simulieren, dass maßgeschneiderte Lösungen für die chemische Aufbereitung komplexer Rohstoffe entstehen, die Tausende Versuche einsparen oder sogar Verfahren ermöglichen, die auf klassische Weise nie gefunden worden wären.[18]

Dekarbonisierung der Bergbauprozesse

Klimaschädliche Gase entstehen im Bergbau zu wesentlichen Teilen durch den Energieverbrauch bei Förderung und Aufbereitung. Der gesamte Energieverbrauch der Bergbauindustrie beträgt etwa 3,5 Prozent des weltweiten Energieverbrauchs. Er liegt damit in ähnlicher Größenordnung wie die Informationsverarbeitung oder die internationale Luftfahrt. Etwa 25 Prozent der von der Bergbauindustrie verbrauchten Energie werden für Brech- und Mahlprozesse zur Zerkleinerung des geförderten Erzes eingesetzt. Vom verbleibenden Energieverbrauch der Bergbauindustrie entfallen 46 Prozent auf Diesel für den Betrieb verschiedener Formen mobiler Ausrüstung (von Bohr- und Fördergeräten bis zum Transport mit LKW), 15 Prozent auf Strom für den Antrieb bergbaulicher Anlagen (Bewetterung, Förderanlagen) und 14 Prozent auf »sonstigen Strom«.[19] Die Reduzierung der Klimaschädlichkeit bezogen auf die Energieanwendungsprozesse wird in drei Richtungen vorangetrieben.

Verbesserung der Energieeffizienz

Der erste Schwerpunkt ist die Verbesserung der Energieeffizienz. An der Spitze stehen hier die oben genannten Mahl- und Brechanlagen. Wegen des hohen spezifischen Verbrauchs können schon mit geringen Prozessverbesserungen große Mengen an CO_2 eingespart werden. Entwickelt werden neue Mahltechniken, die weniger Energie benötigen und eine längere Standzeit aufweisen. Wie in der chemischen Industrie oder im Maschinenbau können digitale Zwillinge eine Optimierung der Instandhaltung und Prozessführung der Großgeräte ermöglichen. Das gilt auch für Transportanlagen wie große Förderbänder. Smart Mining ist in diesem Zusammenhang klar auf dem Vormarsch. Das ist ein Sammelbegriff für die Anwendung digitaler Technologien, wodurch der Bergbau »spezifischer, messbar, akzeptiert, realistisch und terminiert« wird.[20] Datengetriebenes Arbeiten zieht also auch im Bergbau ein.[21] Möglich werden optimierte Entscheidungen in Echtzeit bei der Steuerung von vernetzten Maschinen, die selbst Daten liefern. Bessere und vorausschauende Entscheidungen machen ein Bergwerk »intelligent«, was letztlich den Energieverbrauch verringert und den direkten oder indirekten Ausstoß klimaschädlicher Gase reduziert.

Elektrifizierung der Bergwerke

Der zweite Schwerpunkt bezieht sich auf eine weitgehende Elektrifizierung aller Prozesse und ist die Voraussetzung für die Verwendung grüner Energie beziehungsweise grünen Stroms. Wie in der Bauindustrie werden heute noch viele Maschinen im Bergbau mit Dieselmotoren angetrieben – entweder direkt oder mit Diesel-Elektroantrieben. Bei Letzteren erzeugen Dieselgeneratoren Strom, der dann wiederum die Maschinen wie Mahl- und Brechanlagen antreibt. Im Zeichen der Dekarbonisierung wird man hier weitgehend auf reine Elektroantriebe umstellen, was natürlich eine ausreichende Stromversorgung voraussetzt. Das gilt auch für Großgeräte wie Bagger oder Förderbrücken und Transportfahrzeuge. Auf mobile Geräte mit Verbrennungskraftmotoren entfallen im Bergbau je nach Standort bis zu 40 oder 50 Prozent der CO_2-Emissionen, was die besondere Notwendigkeit der Umstellung zeigt. Aktuell entwickelt ein von Shell geführtes Konsortium ein neues Pilotangebot für Elektrifizierungslösungen im Bergbau mit batterieelektrischen LKW, einer Ladeinfrastruktur für ultraschnelles Aufladen und einem standardisierten Mikronetz-Energiesystem, welches die Einbindung erneuerbarer Stromquellen vor Ort ermöglicht. Erwartet werden nicht nur deutliche Reduzierungen des CO_2-Ausstoßes, sondern auch Kostensenkungen durch geringere Wartungskosten und bis zu 40 Prozent geringere Kraftstoffkosten.[22] Das Beispiel zeigt auch, dass Elektrifizierung und Nutzung von Grünstrom eine Einheit bilden. Wie andere Industriezweige auch, wird die Bergbauindustrie verstärkt Anlagen zur Eigenerzeugung von grünem Strom mit Wind- oder Solaranlagen installieren und nutzen.

Weiterentwicklung der Fördermethoden

Der dritte Schwerpunkt bezieht sich auf die Fördermethoden und die Förderorte. Die Veränderungen der Fördermethoden beginnen im Grunde schon, bevor die ersten Erze aus dem Gestein gebrochen oder gesprengt werden. Wie am oben dargestellten Beispiel der Quantensensoren deutlich wird, kann modernste Technologie helfen, den Aufwand bei der geologischen Forschung und Erkundung deutlich zu senken. Aktuell werden Bodenschätze mithilfe von Probebohrungen genauer bestimmt, wobei manchmal Hunderte von Bohrungen nötig sind, um den Verlauf von unterirdischen Erzadern zu bestimmen. Bohrtiefen bis 1.000 Meter und mehr sind keine Seltenheit. Wird deren Anzahl drastisch verringert, spart das Energie für den Antrieb der Bohrgeräte. Müssen dann doch Probebohrungen vorgenommen werden, ist die Analyse der so gewonnenen Bohrkerne in Speziallaboren eine aufwändige Angelegenheit, bei der chemische und physikalische Analysemethoden zusammenwirken. Dieser Aufwand soll entscheidend reduziert werden. Für die Analyse von Bohrkernen werden in Pilotprojekten medizinische Technologien verwendet, deren Einsatz unmittelbar am Bohrstandort erfolgen kann. Mittels CT-Scannern und weiteren Röntgengeräten werden zeitnah Analysen vorgenommen, welche auch den nachfolgenden Erkundungsprozess steuern und helfen, unnötige Bohrungen zu vermeiden.[23]

Die Fördertechnik selbst hat durch Jahrhunderte währende Optimierungen einen hohen Entwicklungsstand erreicht, Verbesserungen betreffen meist die Zuverlässigkeit und Lebensdauer beziehungsweise Standfestigkeit der Anlagen oder den Platzbedarf von Geräten, die unter Tage verwendet werden. Generell schreitet die Digitalisierung voran und führt auch in diesem Bereich der Bergbautechnologie zum Smart Mining mit Elementen wie digitaler Zwilling und sensorbestückten Förderanlagen.

Ein Beispiel für neue Wirkprinzipien zum Abbau von Metallen ist die noch in Entwicklung befindliche elektrokinetische Methode bei der Gewinnung von seltenen Erden. Üblicherweise werden seltene Erden gefördert, indem große Mengen Ammoniumsulfat in seltene Erden enthaltende Lehmschichten gepumpt werden, um die Metallionen von der Oberfläche der Lehmpartikel abzutrennen und auszuwaschen. Die Folge sind massive Umweltschäden durch das Lösungsmittel. Bei der elektrokinetischen Methode wird elektrische Spannung eingesetzt, um die Freisetzung der Metallionen mit wesentlich weniger Lösungsmitteln zu erreichen.[24]

Nicht unmittelbar die Förderung, sondern die erste Aufbereitung von Erzen betreffen biologische Verfahren zur Gewinnung von Metallen aus Erzen. Es geht um das sogenannte Bioleaching. Das ist eine spezielle Variante von Leachingverfahren, bei denen aus kleingemahlenen Erzen die Metallpartikel mit chemischen Lösungsmitteln herausgelöst werden. Typische Lösungsmittel sind Säuren oder Laugen. Beispielsweise wird Kupfer mit Schwefelsäure gewonnen, Gold gewinnt man mit Cyanidlaugung. In beiden Fällen bleiben gewaltige Umweltschäden durch die Abfallprodukte der Lösungsmittel zurück. Die Umweltschäden und der Energieaufwand können durch den Einsatz von Bakterien (zum Beispiel Acidithiobacillus ferrooxidans und Acidithiobacillus thiooxidans) oder Pilzen (zum Beispiel Aspergillus niger) deutlich reduziert werden. Durch Bioleaching gewonnene Metalle sind Kupfer, Uran, Gold, Silber, Zink und Nickel. Dabei variiert die Art der verwendeten Mikroorganismen je nach Metall und Erz. Es wird prognostiziert, dass dieses Verfahren in Zukunft eine größere Rolle in der Metallgewinnung spielen wird.[25]

Erschließung neuer Förderorte

Gefragte Rohstoffe finden sich manchmal auch an Orten, wo sie kaum jemand vermutet. Ein Beispiel dafür ist die Entdeckung von wichtigen Rohstoffen in den Absetzbecken eines ehemaligen Erzbergwerks im Harz. Im Schlamm dieser Becken werden Hunderte Tonnen Indium, Gallium und Kobalt vermutet im Wert von einigen Hundert Millionen

Euro. Sicher sind spezielle Technologien nötig, da die Partikel extrem klein sind. Aber verglichen mit dem Aufwand bei der bergbaulichen Gewinnung und nachfolgenden Aufbereitung von Metallerzen ergeben sich interessante Perspektiven für die Zukunft. Viele der in früheren Zeiten angelegten Abraumhalden der Erzgewinnung enthalten noch Metalle, die damals entweder nicht gewonnen werden konnten oder noch gar nicht bekannt waren.[26] Im Bergbau sind meist weit über 90 Prozent des geförderten Materials Abraum. Es ist in jedem Fall lohnenswert, diesen Abraum zu untersuchen, ob sich mit heutigen Methoden begehrte Materialien gewinnen lassen. Für die Extraktion solcher »Reste« sind dann wiederum Methoden des Bioleaching gut geeignet. Auch an anderen ungewöhnlichen Stellen werden heute Metalle, insbesondere seltene Erden, gefunden. So enthält der an der Ostsee geförderte Seesand beziehungsweise Schlick Zirkon, in das wiederum seltene Erden eingebettet sind.[27]

Große Begehrlichkeiten wecken in den Tiefen der Weltmeere vorhandene Manganknollen. Sie enthalten Kupfer, Nickel, Kobalt, Lithium, Zink, Molybdän und seltene Erden.[28] Ihr Marktvolumen wird auf bis zu 15 Milliarden US-Dollar geschätzt. Bisher verbieten internationale Abkommen ihre Gewinnung. Wissenschaftler warnen davor, dass ihr Abbau die Vernichtung von Hunderten bisher nicht bekannten Spezies in der Tiefsee und die Zerstörung ganzer Ökosysteme mit unvorhersehbaren Folgen für die Meere bedeuten könnte. Trotzdem machen sich Unternehmen bereit und entwickeln Technologien für die Erzgewinnung in mehreren Tausend Meter Tiefe. Pilotprojekte dienen der Erprobung und auch die Vergabe von Lizenzen für den Tiefseebergbau schreitet voran. Ein Ende des Verbotes und der Beginn von großflächigem kommerziellen Tiefseebergbau ist ziemlich wahrscheinlich, auch wenn Länder wie Deutschland das vorerst verhindern wollen.

Recycling von Metallen und seltenen Erden

Eine entscheidende Quelle für die Gewinnung von Metallen und seltenen Erden ist das Recycling. Der Übergang zur Kreislaufwirtschaft ist, wie in mehreren Kapiteln bereits ausführlich dargestellt wurde, eines der wichtigsten Ziele bei der Errichtung einer wirklich nachhaltigen Wirtschaft – wobei die Vorstellung einer vollständigen Kreislaufführung von Materialien ebenso irreal ist wie der Gedanke, ein Perpetuum mobile zu bauen. Materialien werden in jedem Gebrauchszyklus abgebaut, mit anderen vermischt und in ihrer Qualität vermindert. Durch den Einsatz großer Mengen an Energie lässt sich dies lediglich reduzieren. Aber immerhin lassen sich die Nutzungszyklen von Materialien durch sinnvolles Recycling um ein Vielfaches steigern.

Die klassischen Methoden wie das Einschmelzen von Eisen, Kupfer, Aluminium oder Glas sind bekannt und sollen an dieser Stelle nicht weiter vertiefend betrachtet werden. Ihre Umstellung auf den Betrieb mit erneuerbarer Energie wird in Kapitel 3 »Zukunft chemische Produktion beziehungsweise Stoffwandlung« erwähnt. Wesentlich schwieriger ist es, Materialien zurückzugewinnen, die nur in geringer Konzentration in den Produkten vorliegen. Bei Elektronikschrott ist zumindest die Richtung klar, denn für die Produkte gibt es inzwischen Rücknahmepflichten und auch die Technologien zur Demontage der Geräte und zur Extraktion solcher Inhaltsstoffe wie Kupfer, Silber, Zinn, Gold oder Paladium werden schrittweise verbessert. Verwendet werden meist starke Säuren und damit sind nur streng kontrollierte und zertifizierte Firmen in der Lage, die Rückgewinnung der Metalle nicht mit starken Umweltschäden zu erkaufen.[29] Auch der Einsatz von Mikroorganismen für die Rückgewinnung der Metalle ähnlich wie beim Bioleaching von Erzen ist auf dem Vormarsch.[30]

Das Recycling von seltenen Erden steckt allerdings noch in den Kinderschuhen. Weder gibt es vorgeschriebene Recyclingquoten noch ausgereifte Verfahren für die in geringer Konzentration vorliegenden Materialien. Die Entwicklung neuer Verfahren gilt als extrem teuer, zumal wie oben dargestellt in Europa die Erfahrungen aus dem Bergbau fehlen. Dennoch wird in den nächsten Jahren schon aus strategischen Gründen die Entwicklung solcher Verfahren massiv vorangetrieben. Besondere Hoffnungen verbinden sich mit biologischen Verfahren. Allerdings ist auch bei diesen Verfahren der Weg bis zur industriellen Anwendung noch weit.[31] Ähnliches gilt für die Extraktion von kostbaren Metallen aus industriellen Abwässern. Auch hierzu gibt es ermutigende Ergebnisse im Labor durch Entwicklung spezieller Filtermaterialien.[32] Doch bis zur großtechnischen Anwendung ist noch viel zu tun. Ungeachtet dieser Probleme muss und wird Europa auf diesem Gebiet in den nächsten Jahren Durchbrüche erreichen. Quantencomputer zur Simulation von Prozessen und genmanipulierte Mikroorganismen dürften auf diesem Weg die größten Potenziale bereitstellen.

Verbergen statt Fördern – Direct Air Capture (DAC)

Bergbau hat normalerweise die Aufgabe, Rohstoffe aus der Erde zu fördern, die dann aufbereitet und der industriellen Nutzung zugeführt werden. Die dabei anfallenden Abfälle wie taubes Gestein oder Schlacken aus der Erzschmelze werden meist oberirdisch in riesigen Halden gelagert, was wie oben dargestellt erhebliche Umweltprobleme mit sich bringt. Der Wind verteilt staubförmige Reste, wenn die Halden nicht abgedeckt sind. Regenwasser wäscht schädliche Bestandteile aus, die ins Grundwasser eindringen. Angesichts dieser Probleme ist es naheliegend, zumindest einen Teil der Abfälle dahin zu bringen, wo die Rohstoffe gefördert wurden – am besten tief unter die Erde, was naturgemäß nur bei untertägig betriebenen Bergwerken möglich ist. Allerdings sind solche Lagerungsmöglichkeiten ohnehin für die Verbringung von Sondermüll heiß umstritten.

Verbergen statt Fördern hat aber eine völlig andere Aufgabe und Dimension, wenn es um die sichere Endlagerung von CO_2 geht, welches entweder bei industriellen Prozessen anfällt oder der Atmosphäre entzogen wird. Nachfolgend stellen wir den zweiten Weg – CO_2 aus der Atmosphäre zu entziehen – weiter dar. Die einfachste Möglichkeit zur CO_2-Abscheidung aus Luft geht über den Anbau von Photosynthese betreibenden Pflanzen, entweder über Aufforstung oder den Anbau spezifischer Pflanzen, aus denen Pflanzenkohle erzeugt wird, die dann zurück in die Erde kommt. Diese klassischen Verfahren reichen jedoch nicht einmal aus, um den schon jetzt deutlich zu hohen CO_2-Gehalt der Luft zu stabilisieren – geschweige denn, eine signifikante Senkung zu erreichen. Aber genau diese ist das Ziel von Direct Air Capture (DAC), wobei DAC nach Angaben der Internationalen Energieagentur IEA die teuerste Methode zum Auffangen von Kohlenstoff ist, die zudem noch enorme Mengen an grüner Energie für die Umsetzung benötigt. Aktuell verweist die IEA auf 18 Pilotanlagen, die gemeinsam pro Jahr ein Hundertstel einer Megatonne CO_2 aus der Atmosphäre herausholen. Bis 2030 sollen es 5,5 Megatonnen sein. Das wären weniger als ein Prozent der aktuellen Emissionen Deutschlands. Die Technik für die Abscheidung bedarf noch intensiver Entwicklungsarbeiten, bevor die notwendige Skalierung der Anlagen möglich ist. Mögliche Technologien sind mit porösen Materialien, ähnlich wie in einem Luftfilter CO_2, aus der Atmosphäre zu binden.[33] Chemiker aus Melbourne nutzen flüssiges Metall als Katalysator, um CO_2 zu binden und zu fester Kohle zu verarbeiten. Auch biotechnische Verfahren mit mikrobiell modifizierter Photosynthese befinden sich in Entwicklung.[34] Trotz der noch zu lösenden Forschungs- und Entwicklungsaufgaben setzen sowohl das IEA als auch der Weltklimarat IPCC auf derartige Technologien, da ohne sie die Klimaziele völlig unrealistisch werden. Bis 2050 sollen mehr als 980 Megatonnen CO_2 pro Jahr aus der Atmosphäre entnommen und unterirdisch gespeichert werden.[35] Auf die Speicherung kommt es an, denn nur wenn das CO_2 dauerhaft der Atmosphäre entzogen wird, lässt sich der Klimawandel wirklich bremsen. Vor diesem Hintergrund sind auch alle Verfahren, bei denen das gewonnene CO_2 als Rohstoff genutzt wird, um fossile Rohstoffe zu ersetzen, auf Dauer nicht ausreichend.

Die unterirdische Speicherung ist technisch deutlich weiter als der maschinelle CO_2-Entzug aus der Luft. Für die Speicherung eignen sich erschöpfte Erdgas- und Ölfelder, sogenannte salinare Aquifere (tiefe Salzwasser führende Grundwasserleiter) sowie nicht abbauwürdige Kohleflöze. Mit Erdgas- und Ölfeldern gibt es umfangreiche Erfahrungen, sodass diese Technologie zeitnah genutzt werden kann. Das CO_2 wird dabei unter hohem Druck in das Gestein verpresst. Nicht so gut erforscht sind die salinaren Aquifere, und die Forschungen zur Einlagerung in Kohleflöze stehen noch weitgehend am Anfang. In Europa gibt es aus geologischer Sicht dennoch umfangreiche Kapazitäten für die Endlagerung von CO_2. Im Rahmen eines EU-Projektes wurde die CO_2-Speicherkapazität in den Erdöl- und Erdgasfeldern im Nordseegebiet auf 37 Gigatonnen geschätzt.[36]

Auch wenn die technischen Möglichkeiten vorhanden sind, gibt es dennoch enorme Widerstände gegen die unterirdische CO_2-Speicherung. Befürchtet werden Umweltgefahren durch unkontrolliertes Austreten von CO_2 und ungeklärte Haftungsfragen. Diese werden in Deutschland aktuell durch gesetzliche Vorgaben zementiert, sodass die rechtlichen Probleme größer werden könnten als die technischen.[37] Wir bezweifeln, dass Deutschland sich das angesichts der dringenden Notwendigkeit zur Reduzierung des CO_2-Gehaltes der Atmosphäre und des Anfalls großer Mengen von industriell erzeugtem und abscheidbarem CO_2 auf Dauer erlauben kann. Die Situation ähnelt der bergbaulichen Erschließung neuer Lagerstätten, welche bisher konsequent ins Ausland verlagert wurde. Als Industriestandort wird sich Deutschland aus Gründen der planetaren Gerechtigkeit und gravierender Abhängigkeiten bei strategischen Rohstoffen auf Dauer keine Sonderrolle erkaufen können.

Epilog – auf zu neuen Zukünften

Was hat der Mensch mit Affen und Raben gemeinsam? Wir sind alle in der Lage, für die Zukunft zu planen. Was uns Menschen jedoch schwerfällt, ist es, sich von der gewohnten Gegenwart und dem vertrauten »weiter wie bisher« zu lösen. Die Gründe dafür sind vielfältig und tief in unserem Unterbewusstsein verwurzelt.

Warum sollten wir uns von Vertrautem lösen, wenn es sich bisher bewährt hat? Die Angst vor dem Unbekannten greift sogar auf etablierte Expertinnen und Experten über. So schrieb das Magazin *Carriage Monthly* noch 1904: »Die Menschheit hat sich jahrhundertelang in Fahrzeugen fortbewegt, die von Tieren gezogen wurden, warum sollte ein vernünftiger Mensch annehmen, dass die Zukunft etwas anderes bringt?« Innerhalb eines Jahrzehnts wurde diese Aussage durch die rasante Verbreitung motorisierter Automobile widerlegt. Ein ähnliches Phänomen wiederholte sich im Jahr 2007, als der damalige CEO von Microsoft Zweifel am Erfolg des iPhones äußerte. Wenige Jahre später revolutionierte das Smartphone die Kommunikationsbranche. Wir alle neigen dazu, unsere Entscheidungen basierend auf Erfahrungen aus der Vergangenheit zu treffen. Das mag im Alltag für den Einzelnen hilfreich sein. Für die strategische Planung eines Unternehmens oder einer politischen Agenda und auch für unsere Lebensplanung sollten wir aber aus der Zukunft lernen. Denn: Eine Revolution, wie ebendiese fünfte industrielle Revolution, wird als Neuerung definiert, die bisher Gültiges und Bestehendes verdrängt. Wir müssen also lernen, mit Neuem umzugehen.

Was gibt uns die Sicherheit, dass es zukünftig besser wird? Sich auf Veränderungen einzulassen, ist für uns Menschen auch deshalb schwer, weil wir uns nicht sicher sind, ob sie ihren Preis wert sind. Wir sollen zu unbekannten Ufern aufbrechen und wissen noch nicht einmal, in welche Richtung wir segeln sollen. Zu allem Überfluss werden wir überschwemmt von negativen Zukunfts-Szenarien. Dystopische Science-Fiction-Filme oder politische Meinungsmache, die die Wiederherstellung vergangener Konzepte anstatt der Etablierung neuer betonen, verstärken diese Skepsis. Dabei zeigt ein Rückblick, dass sich für eine Mehrheit der Menschen die Lebensbedingungen trotz aller Probleme stetig verbessert hat! Unterernährung und Luftverschmutzung gehen beständig zurück, erneuerbare Energien werden erschwinglicher, der Zugang zu Bildung und Gesundheit wächst und viele Umweltthemen werden aktiv angegangen. Während wir diese Zeilen schreiben, hat Ecuador für den Erhalt großer Naturschutzgebiete und gegen die Förderung von Öl gestimmt.[1] Unser Hang dazu, Negatives stärker wahrzunehmen als Positives, verfälscht oft unser Bild von der Welt. Verzerrte Wahrnehmungen zur Zukunft finden sich sogar in generativen KI-Modellen, die beim Begriff »Zukunft« meist dystopische Cyberpunk-Zukünfte generieren. Eine Berichterstattung mit Fokus auf Klicks und das selektive Erinnern von Ereignissen beeinflussen zusätzlich unsere Wahrnehmung.[2]

Auch unser Instinkt trügt. In seinem Buch *Factfulness* beschreibt Hans Rosling den »Straight Line Instinct«. Viele Menschen nehmen an, dass derzeitige beobachtbare Entwicklungen und Phänomene sich linear weiterentwickeln. Diese Annahme führt zu vielen Schreckensszenarien. Eines der bekanntesten Beispiele dafür ist die Grundannahme des Biologen Paul R. Ehrlich, der Ende der 1960er aufgrund von Hungersnöten und Krankheiten den Tod von Millionen Menschen in den nächsten zwei Dekaden voraussagte. Das Sterben blieb aus – Ehrlich hatte Hungersnöte und Sterblichkeitsraten maßlos überschätzt, denn gesellschaftliche, politische und wirtschaftliche Maßnahmen ließen ein anderes Szenario wahr werden. Die Gefahren dieser Denkmuster und verzerrten Wahrnehmungen sind gerade in Bezug auf die Klimakrise groß: Sie lähmen uns und halten uns davon ab, unser »Schicksal« in die Hand zu nehmen. Warum sollten wir uns noch anstrengen, wenn es augenscheinlich ohnehin zu spät ist? Obschon der Klimawandel höchstwahrscheinlich nicht umkehrbar ist, gibt es dennoch Raum für die Hoffnung, dass seine Entwicklung nicht zwangsläufig linear oder exponentiell verläuft, sondern irgendwann abflacht. Neueste Forschungen zeigen, dass entgegen bisheriger Annahmen der Temperaturanstieg aufhört, wenn der anthropogene Ausstoß klimaschädlicher Gase beendet wird.[3] Gut möglich, dass wir heute unsere Fähigkeiten zur Handlung und die Potenziale technologischer Innovationen unterschätzen. Das soll uns keineswegs zurück in unsere Komforthaltung bringen, sondern Aufruf sein, Veränderung jetzt so schnell wie möglich anzustoßen!

Niemand kann mit Sicherheit sagen, wie die Zukunft aussehen wird. Aber eines ist sicher: Während wir uns mit unseren Bedenken und

Zweifeln beschäftigen, setzt die Welt unaufhaltsam ihren Wandel fort. Klar ist: Wir brauchen positive Zukunftsbilder, die uns eine realistische Richtung vorgeben. Dieses Buch soll ein solches Zukunftsbild sein – ein Polarstern für unterschiedliche Sektoren, der es möglich macht, unser Schiff auf den richtigen Kurs zu bringen. Denn das Schöne ist, Zukunft ist gestaltbar und wir alle können etwas Wunderbares daraus machen. Die Zukunft hängt von den Entscheidungen und Handlungen ab, die wir heute treffen.

Anmerkungen

Die fünfte industrielle Revolution

1 Raß, Berger: »Die Zukunft der europäischen Wirtschaft«, September 2021
2 Dieses Buch basiert auf den Forschungsarbeiten von Themis Foresight, einem Business Thinktank mit Fokus auf Zukunftsforschung – vertreten durch Carina Stöttner, sowie den langjährigen Arbeiten von Prof. Dr. Lothar Abicht auf dem Gebiet der allgemeinen Technikwissenschaft.
3 https://www.planet-wissen.de/gesellschaft/wirtschaft/konsum/pwiediekehrseitedeskonsums100.html (Stand: 15.11.2023)
4 https://www.oekotest.de/freizeit-technik/Jaehrlich-Milliarden-Handys-Abfall-Zu-viel-Elektronik-wird-gehortet-_13227_1.html (Stand: 15.11.2023)
5 https://drive.google.com/file/d/1liGoVZlxoNijpaQgREiMt2GNKwqth0sX/view (Stand: 15.11.2023)
6 https://dgtb.de/wp-content/uploads/2018/11/Wolffgramm-Allgemeine-Techniktheorie-klein.pdf (Stand: 15.11.2023)

1. Zukunft Energieversorgung

1 https://www.bdew.de/energie/primaerenergieverbrauch-in-deutschland-nach-energietraegern-2020/ (Stand: 15.11.2023)
2 https://www.umweltbundesamt.de/daten/energie/primaerenergiegewinnung-importe (Stand: 15.11.2023)
3 https://de.wikipedia.org/wiki/Endenergieverbrauch#/media/Datei:Energieverbrauch_DE_2017.png (Stand: 15.11.2023)
4 https://www.bmwi.de/Redaktion/DE/Schlaglichter-der-Wirtschaftspolitik/2021/03/kapitel-1-7-wie-kann-das-energiesystem-der-zukunft-aussehen.html (Stand: 15.11.2023)

5 https://de.statista.com/statistik/daten/studie/250915/umfrage/anteil-der-photovoltaik-an-der-stromerzeugung-in-deutschland/ (Stand: 15.11.2023)

6 Das Beratungsunternehmen Ecofys hatte in einer eigens für Deutschland angelegten Untersuchung kalkuliert, dass alleine hierzulande rund 2.344 Quadratkilometer an Dachfläche für eine solare Nutzung geeignet wären: https://www.enercity.de/magazin/unsere-welt/studie-weltweites-pv-potenzial (Stand: 15.11.2023)

7 https://www.sueddeutsche.de/wirtschaft/solaranlagen-photovoltaik-fassaden-bipv-1.5310494 (Stand: 15.11.2023)

8 https://www.fr.de/panorama/pilotprojekt-forscher-autobahnen-autobahn-strasse-photovoltaik-solar-solarenergie-solardach-solarpark-zr-90198440.html (Stand: 15.11.2023)

9 https://www.photovoltaik.org/wissen/photovoltaik-wirkungsgrad (Stand: 15.11.2023)

10 https://www.tagesschau.de/wirtschaft/technologie/photovoltaik-recycling-101.html (Stand: 15.11.2023)

11 https://efahrer.chip.de/news/werden-solar-anlagen-spottbillig-forscher-setzen-auf-neue-rohstoffe_107879 (Stand: 15.11.2023)

12 https://www.piqd.de/technologie-gesellschaft/tech-utopismus-fur-2022 (Stand: 15.11.2023)

13 https://www.wiwo.de/technologie/umwelt/tracking-der-energiewende-12-leistung-vs-einspeisung-die-fotovoltaik-illusion/28203424.html?social=-linkedin&utm_medium=social&utm_source=LinkedIn#Echobox=1648537694–1 (Stand: 15.11.2023)

14 https://nachrichten.handelsblatt.com/ec244a0bfe74cb4d6886cd2656a-46b60a002326a826bc79b96452fe1729fabf1c68781d27369427d-a5775cf01451294f029254104?utm_source=web-frontend&xing_share=news (Stand: 15.11.2023)

15 https://www.umweltbundesamt.de/sites/default/files/medien/378/publikationen/energieziel_2050.pdf (Stand: 15.11.2023)

16 https://www.scinexx.de/news/energie/windkraft-kuenftig-vertikal-statt-horizontal/ (Stand: 15.11.2023)

17 https://1e9.community/t/diese-muenchner-wollen-mit-fliegenden-wind-kraftanlagen-die-energiewende-retten/10258 (Stand: 15.11.2023)

18 https://www.saechsische.de/darum-werden-windraeder-immer-groesser-5218931.html (Stand: 15.11.2023)

19 https://efahrer.chip.de/news/wie-lange-muss-ein-windrad-fuer-ein-e-auto-laufen-die-antwort-ist-unglaublich_107215?layout=amp (Stand: 15.11.2023)

20 https://www.deutschlandfunk.de/schwimmende-windraeder-neue-anlagen-fuers-offene-meer-100.html (Stand: 15.11.2023)
21 https://www.br.de/wissen/stromspeicher-energiespeicher-erneuerbare-energien-100.html (Stand: 15.11.2023)
22 https://de.statista.com/statistik/daten/studie/38910/umfrage/hoehe-der-co2-emissionen-nach-kraftwerk/ (Stand: 15.11.2023)
23 https://www.kernenergie.ch/de/kernenergie-weltweit-_content—-1—1071.html (Stand: 15.11.2023)
24 https://www.dw.com/de/atomkraft-ende-renaissance-endlagersuche-deutschland-usa-china-indien-russland-polen-erneuerbare/a-56442340 (Stand: 15.11.2023)
25 https://www.oeko.de/fileadmin/oekodoc/Neue-Reaktorkonzepte.pdf (Stand: 15.11.2023)
26 https://futurium.de/de/blog/reaktortypen-im-ueberblick (Stand: 15.11.2023)
27 https://www.stern.de/amp/digital/technik/thorium-ist-so-haeufig-wie-blei—-mini-reaktoren-sollen-billig-gruene-energie-produzieren-31460370.html (Stand: 15.11.2023)
28 https://scnat.ch/de/uuid/i/11c9f2ae-6aa8–5738-ae6d-a893e66584ab-Das_Risiko_einer_auf_Thorium_basierenden_Kernenergie_w%C3%A4re_akzeptabel (Stand: 15.11.2023)
29 ebenda
30 https://scnat.ch/de/uuid/i/11c9f2ae-6aa8–5738-ae6d-a893e66584ab-Das_Risiko_einer_auf_Thorium_basierenden_Kernenergie_w%C3%A4re_akzeptabel (Stand: 15.11.2023)
31 https://www.derstandard.de/story/2000128494092/recyceln-statt-weg-sperren-das-lukrative-zweite-leben-von-atommuell?utm_source=pocket-newtab-global-de-DE (Stand: 15.11.2023)
32 https://enery.energy/2021/05/13/wenn-elektroautos-zu-super-akkus-werden/ (Stand: 15.11.2023)
33 https://www.spiegel.de/auto/elektroautos-wie-bidirektionales-laden-die-energiewende-retten-koennte-a-0d4194f7-a945–4b53–8df7–717b1670b358?sara_ecid=nl_upd_1jtzCCtmxpVo9GAZr2b4×8GquyeAc9&nlid=nvg7hplf (Stand: 15.11.2023)
34 https://www.heise.de/tp/news/Speichertechnik-Exponentielle-Verbreitung-6269946.html (Stand: 15.11.2023)
35 https://www.heise.de/tp/news/Speichertechnik-Exponentielle-Verbreitung-6269946.html (Stand: 15.11.2023)

36 https://www.process.vogel.de/die-batterie-von-morgen-warum-es-nicht-immer-lithium-sein-muss-a-1058928/?cmp=nl-98&uuid=b773d0345b9105 2672951ce1a0f52756 (Stand: 15.11.2023)
37 https://futurezone.at/amp/science/meilenstein-bei-entwicklung-von-quanten-akkus/401875391 (Stand: 15.11.2023)
38 https://www.umweltbundesamt.de/sites/default/files/medien/378/publikationen/energieziel_2050.pdf (Stand: 15.11.2023)
39 https://www.helmholtz.de/newsroom/artikel/bigdatahilftbeiklimafreundlicherstromversorgung/ (Stand: 15.11.2023)
40 https://www.heise.de/amp/tp/features/Braunkohle-Sicherheitsbereitschaft-In-zehn-Tagen-betriebsbereit-6325590.html (Stand: 15.11.2023)
41 https://www.ingenieur.de/technik/fachbereiche/ittk/sabotage-geplant-hacker-kraftwerke-ausschalten/ (Stand: 15.11.2023)
42 https://www.ingenieur.de/technik/fachbereiche/energie/blackout-wegen-cyberattacken-auf-stromnetz-forscher-finden-loesung/?utm_source=-browser&utm_medium=push-notification&utm_campaign=cleverpush-1651046271#?cleverPushBounceUrl=https%3A%2F%2Fwww.ingenieur.de &cleverPushNotificationId=XQLLhtBpQaGYPMfh7 (Stand: 15.11.2023)
43 https://mediathek.fnr.de/grafiken/maisanbau-in-deutschland.html (Stand: 15.11.2023)
44 https://www.bdbe.de/wissenschaft/flaechen (Stand: 15.11.2023)
45 https://www.welthungerhilfe.de/presse/pressemitteilungen/2021/stern-initiative-in-kenia/ (Stand: 15.11.2023)
46 https://www.bmel.de/DE/themen/landwirtschaft/bioeokonomie-nachwachsende-rohstoffe/biogas.html (Stand: 9.1.2024)
47 https://www.contextcrew.de/dossier-power-to-gas-fuer-die-energiewende/ (Stand: 15.11.2023)
48 https://www.bmwi.de/Redaktion/DE/Dossier/wasserstoff.html (Stand: 15.11.2023)
49 https://efahrer.chip.de/news/forscher-feiern-solar-durchbruch-sie-machen-sonnenlicht-direkt-zu-wasserstoff_106578?layout=amp (Stand: 15.11.2023)
50 https://www.process.vogel.de/rwe-und-neptune-energy-planen-wasserstoff-fabrik-in-der-nordsee-a-1092355/?cmp=nl-98&uuid=b773d0345b910 52672951ce1a0f52756 (Stand: 15.11.2023)
51 https://www.process.vogel.de/thyssenkrupp-unterzeichnet-vertrag-ueber-eines-der-groessten-gruenen-wasserstoffprojekte-der-welt-a-1083129/?cmp=nl-98&uuid=b773d0345b91052672951ce1a0f52756 (Stand: 15.11.2023)

52 https://www.spiegel.de/wirtschaft/unternehmen/e-on-plant-in-grossem-stil-einfuhr-von-gruenem-wasserstoff-aus-australien-a-d579ac37-d1cb-4d7b-bfc1-dc466af69854 (Stand: 15.11.2023)
53 https://www.process.vogel.de/revolutionaerer-ansatz-brennstoffzellen-koennen-strom-und-trinkwasser-gleichzeitig-erzeugen-a-1022127/ (Stand: 15.11.2023)
54 https://www.faz.net/aktuell/wirtschaft/das-erste-wasserstoff-schiff-der-welt-ist-unterwegs-17743640.html?utm_source=pocket-newtab-global-de-DE (Stand: 15.11.2023)
55 https://www.faz.net/aktuell/wirtschaft/das-erste-wasserstoff-schiff-der-welt-ist-unterwegs-17743640.html?utm_source=pocket-newtab-global-de-DE (Stand: 15.11.2023)
56 https://www.process.vogel.de/vom-fischmarkt-zum-wasserstoff-hafen-hamburg-wird-zum-h2-hub-a-1093166/?cmp=nl-98&uuid=b773d0345b91052672951ce1a0f52756 (Stand: 15.11.2023)
57 https://www.process.vogel.de/tuerkiser-wasserstoff-air-products-plant-netto-null-wasserstoff-energiekomplex-in-kanada-a-1035443/?cmp=nl-98&uuid=b773d0345b91052672951ce1a0f52756 (Stand: 15.11.2023)

2. Zukunft Transporttechnologien

1 https://static.agora-energiewende.de/fileadmin/Projekte/2021/2021_01_DE_KNDE2045/KNDE2045_Langfassung.pdf (Stand: 15.11.2023)
2 Grafik basierend auf Daten von Prognos, Öko-Institut, Wuppertal Institut, zusammengefasst (2021). Aufgerufen auf: https://static.agora-energiewende.de/fileadmin/Projekte/2021/2021_01_DE_KNDE2045/KNDE2045_Langfassung.pdf (S. 6)
3 https://www.umweltbundesamt.de/daten/verkehr/fahrleistungen-verkehrsaufwand-modal-split#personenverkehr (Stand: 15.11.2023)
4 https://www.agora-verkehrswende.de/ (Stand: 15.11.2023)
5 https://presseportal.greenpeace.de/204555-homeoffice-kann-uber-5-millionen-tonnen-co2-sparen (Stand: 15.11.2023)
6 https://background.tagesspiegel.de/gesundheit/who-verschaerft-grenzwerte-fuer-luftschadstoffe?utm_source=bgge+vorschau&utm_medium=email (Stand: 15.11.2023)

7 https://www.t-online.de/auto/elektromobilitaet/id_90848540/verbrenner-
aus-in-der-eu-ab-2035-soll-es-keine-benziner-und-diesel-geben.html?utm_
source=t-online&utm_medium=sharing-article&utm_campaign=mail-
mobil (Stand: 15.11.2023)

8 https://www.inside-digital.de/news/e-auto-eines-der-groessten-vorurteile-
ist-falsch-wie-diese-beweise-jetzt-zeigen/amp (Stand: 15.11.2023)

9 https://www.heise.de/news/Brennstoffzelle-Forscher-zeigen-emissionsfreies-
autonomes-Langstreckenauto-6593740.html?gaa_at=la&gaa_n= AYc4ysti-
8jsgK9JclakJOVnxf59_WeUmeCOUTg6XPvVT4s_yUooKVqUO3RD-
2BDi0M1Q%3D&gaa_ts=62373eaa&utm_source=newsshowcase&utm_
medium=discover&utm_campaign=CCwqMggwKioIACIQnvNq-
GNqpHC7oLMO6nKM-aCoUCAoiEJ7zahjaqRwu6CzDupyjPmg-
wv5VBMJrISQ&utm_content=bullets&gaa_sig=uqGdQ3ccLMHThMTEI-
7AjtomxV3RNKaDCumyYAYY28YEYtCjAYokSAtRfARwFcm1-
rkXSa1twl5mQVfmx30V1XA%3D%3D (Stand: 15.11.2023)

10 https://efahrer.chip.de/solaranlagen/elektroauto-als-stromspeicher-nutzen-
so-funktionierte-es_104438 (Stand: 15.11.2023)

11 https://www.enbw.com/blog/elektromobilitaet/laden/schnellladen/
(Stand: 15.11.2023)

12 https://www.sueddeutsche.de/wirtschaft/aral-elektroauto-ladestation-
1.5208207 (Stand: 15.11.2023)

13 https://www.spiegel.de/wirtschaft/elektroauto-boom-spritverbrauch-
kann-bis-2035-um-mehr-als-die-haelfte-sinken-a-03103a28–0605–49cc-
907f-3431f01f48dc?utm_source=pocket-newtab-global-de-DE
(Stand: 15.11.2023)

14 https://www.ubitricity.com/de/ladepunkte/ (Stand: 15.11.2023)

15 https://www.enbw.com/blog/elektromobilitaet/laden/induktives-laden-bei-e-
autos-vielversprechende-technik-mit-grossem-potenzial/ (Stand: 15.11.2023)

16 https://www.automobil-industrie.vogel.de/autonomes-fahren-definition-
level-grundlagen-a-786184/ (Stand: 15.11.2023)

17 https://www.computerwoche.de/a/alles-zur-zukunft-der-mobilitaet,3549675
(Stand: 15.11.2023)

18 https://www.automotiveit.eu/exklusiv/bei-kuenstlicher-intelligenz-stoesst-
das-recht-an-seine-grenzen-115.html (Stand: 15.11.2023)

19 https://www.adac.de/rund-ums-fahrzeug/tests/elektromobilitaet/stromver-
brauch-elektroautos-adac-test/ (Stand: 15.11.2023)

20 https://www.zeit.de/mobilitaet/2022–01/elektroautos-luftwiderstand-
effizienz-autobahn-suv/komplettansicht (Stand: 15.11.2023)

21 https://www.zeit.de/mobilitaet/2022-01/elektroautos-luftwiderstand-effizienz-autobahn-suv/komplettansicht (Stand: 15.11.2023)
22 https://1e9.community/t/solarfahrzeuge-der-traum-vom-selbstladenden-elektroauto-wird-realitaet/13412?utm_source=pocket-newtab-global-de-DE (Stand: 15.11.2023)
23 https://www.n-tv.de/auto/In-Zukunft-denkt-der-Akku-mit-article22830688.html (Stand: 15.11.2023)
24 https://www.inside-digital.de/news/deutsche-forscher-finden-neue-geheimwaffe-fuer-elektroautos-lithium-metall-batterie/amp (Stand: 15.11.2023)
25 https://www.manager-magazin.de/unternehmen/autoindustrie/vw-mercedes-bmw-ford-welcher-autobauer-macht-das-rennen-um-die-feststoffbatterie-a-90b28890-99dc-4788-b289-90be4bf6bc96 (Stand: 15.11.2023)
26 https://efahrer.chip.de/news/jetzt-kann-der-verbrenner-ganz-weg-neue-akku-technik-ist-spottbillig_106441?layout=amp (Stand: 15.11.2023)
27 https://efahrer.chip.de/news/forscher-feiern-durchbruch-graphen-super-akku-laedt-60-mal-schneller_105581 (Stand: 15.11.2023)
28 https://www.golem.de/news/umweltfreundlicher-sattelschlepper-iveco-und-nikola-starten-e-lastwagen-produktion-in-ulm-2109-159690.html?utm_source=pocket-newtab-global-de-DE (Stand: 15.11.2023)
29 https://www.energie-bau.at/mobilitaet/3786-schon-425-000-autobusse-mit-elektromotor-auf-der-strasse (Stand: 15.11.2023)
30 https://efahrer.chip.de/news/fraunhofer-forscher-testen-wasserstoff-gegen-elektro-lkw-mit-klarem-urteil_107165?layout=amp (Stand: 15.11.2023)
31 https://www.n-tv.de/auto/E-Trucks-kommen-aber-der-Diesel-bleibt-article22840960.html (Stand: 15.11.2023)
32 https://www.heise.de/hintergrund/Wasserstoffbrueckenbildung-Umgeruestete-Lkw-als-Vorhut-der-Dekarbonisierung-6145408.html?seite=all (Stand: 15.11.2023)
33 https://www.dlr.de/content/de/artikel/news/2019/02/20190627_klimaauswirkung-von-wolken-aus-flugzeugkondensstreifen.html (Stand: 15.11.2023)
34 https://www.wiwo.de/technologie/green/flugzeuge-ingenieure-forschen-an-turbine-die-nicht-mehr-verschwendet/13547222.html (Stand: 15.11.2023)
35 https://app.handelsblatt.com/technik/thespark/luftfahrt-mit-strom-gen-himmel-so-weit-ist-die-entwicklung-von-elektroflugzeugen/27514738.html?utm_medium=social&utm_source=Xing&utm_campaign=koop&utm_content=ne&utm_term=organisch&xing_share=news&ticket=ST-3399996-itjjQUxmNo5Wqy2xUNba-ap6 (Stand: 15.11.2023)

36 https://www.heise.de/news/Rolls-Royce-Vollelektrisches-Flugzeug-pulverisiert-Geschwindigkeitsrekord-6273460.html?wt_mc=rss.red.ho.ho.atom.beitrag.beitrag&xing_share=news (Stand: 15.11.2023)
37 https://de.wikipedia.org/wiki/Luftschraube (Stand: 15.11.2023)
38 https://www.grenzecho.net/68497/artikel/2022–01–25/boeing-steckt-450-millionen-dollar-flugtaxi-firma (Stand: 15.11.2023)
39 https://www.b4bschwaben.de/b4b-nachrichten/augsburg_artikel,-chinesische-firma-will-flugtaxis-in-augsburg-testen-_arid,265822.html (Stand: 15.11.2023)
40 https://www.riffreporter.de/de/umwelt/klimaneutraler-seehandel-schifffahrt-studie-methanol-ammoniak-2050 (Stand: 15.11.2023)
41 https://www.riffreporter.de/de/umwelt/klimaneutraler-seehandel-schifffahrt-studie-methanol-ammoniak-2050 (Stand: 15.11.2023)
42 https://www.produktion.de/wirtschaft/klimaschutz-containerreedereien-wollen-internationale-regeln-875.html (Stand: 15.11.2023)
43 https://www.riffreporter.de/de/umwelt/klimaneutraler-seehandel-schifffahrt-studie-methanol-ammoniak-2050 (Stand: 15.11.2023)
44 https://www.energie-experten.ch/de/wissen/detail/schiffe-mit-elektromotor-sind-diesel-und-schweroel-ersetzbar.html (Stand: 15.11.2023)
45 https://www.riffreporter.de/de/umwelt/klimaneutraler-seehandel-schifffahrt-studie-methanol-ammoniak-2050 (Stand: 15.11.2023)
46 https://www.ndr.de/geschichte/chronologie/Von-der-Idee-zum-Aus-Eckdaten-des-Transrapid,transrapid596.html (Stand: 15.11.2023)
47 https://www.zukunft-mobilitaet.net/169766/analyse/zukunft-bahn-schienenverkehr-eisenbahn-2040/ (Stand: 15.11.2023)
48 https://www.deutschebahn.com/de/presse/suche_Medienpakete/Alternative-Antriebe-und-Kraftstoffe (Stand: 15.11.2023)
49 https://www.energieverbraucher.de/de/elektro-mobil__800/NewsDetail__18642/ (Stand: 15.11.2023)
50 https://www.energieverbraucher.de/de/elektro-mobil__800/NewsDetail__18642/ (Stand: 15.11.2023)
51 https://edison.media/umwelt/us-studie-elektroautos-sind-umweltfreundlich/25223467/ (Stand: 15.11.2023)
52 https://edison.media/umwelt/us-studie-elektroautos-sind-umweltfreundlich/25223467/ (Stand: 15.11.2023)

3. Zukunft chemische Produktion beziehungsweise Stoffwandlung

1 https://de.statista.com/statistik/daten/studie/183042/umfrage/energieverbrauch-und-einsparung-bei-kunststoffen-und-alternativen-materialien/ (Stand: 15.11.2023)

2 https://www.process.vogel.de/handlungspakt-soll-grundlage-fuer-transformation-der-chemie-und-pharmabranche-liefern-a-1036769/ (Stand: 15.11.2023)

3 https://www.process.vogel.de/wie-die-pharmaindustrie-dekarbonisiert-werden-kann-d-61976b6c11286/ (Stand: 15.11.2023)

4 https://www.chemietechnik.de/energie-utilities/massnahmen-zur-steigerung-der-energieeffizienz-in-der-industrie-618.html (Stand: 15.11.2023)

5 https://www.bghm.de/fileadmin/user_upload/Arbeitsschuetzer/Fachthemen/Maschinen/Industrieoefen_mit_Schutzgasatmosphaeren.pdf (Stand: 15.11.2023)

6 https://www.aggreko.com/de-de/aggreko-perspectives/what-a-waste-gas-flaring (Stand: 15.11.2023)

7 https://www.ajoure.de/lifestyle/umwelt/in-diesen-ganzen-produkten-steckt-erdoel-und-so-kannst-du-den-konsum-einschraenken/ (Stand: 15.11.2023)

8 https://www.bee-ev.de/fileadmin/Redaktion/Dokumente/Meldungen/Broschueren_und_Praesentationen/2018/20180405_BEE-Kurzgutachten_Strategische_Optionen_zur_Dekarbonisierung_und_effizienteren_Nutzung_der_Prozesswaerme_und_kaelte.pdf (Stand: 15.11.2023)

9 https://www.process.vogel.de/erneuerbarer-kohlenstoff-grundlage-fuer-die-dekarbonisierung-der-industrie-a-1096454/?cmp=nl-98&uuid=b773d0345b91052672951ce1a0f52756 (Stand: 15.11.2023)

10 https://epub.wupperinst.org/frontdoor/deliver/index/docId/7438/file/7438_Viebahn.pdf (Stand: 15.11.2023)

11 https://www.handelsblatt.com/unternehmen/innovationweek/75-ideen/chemische-industrie-vom-klimakiller-zum-rohstoff-kann-kohlendioxid-oel-und-gas-ersetzen/27152076.html?ticket=ST-11486096-RBGb12Px3OtBx1BdUgfe-ap6 (Stand: 15.11.2023)

12 https://klimaforum-bau.de/news/westkueste-100-sektorenkopplung-komplett-gruener-wasserstoff-und-dekarbonisierung-im-industriellen-massstab/ (Stand: 15.11.2023)

13 https://www.vattenfall.de/glossar/power-to-gas (Stand: 15.11.2023)
14 https://www.process.vogel.de/neues-verfahren-aus-co2-und-abfall-wird-kunststoff-a-25582107aefde3ac96662ec167fc954f/?cmp=nl-98&uuid=b773d0345b91052672951ce1a0f52756 (Stand: 15.11.2023)
15 https://www.process.vogel.de/wie-elektrochemische-prozesse-co2-in-wertvolle-produkte-verwandeln-a-8e24500f34ff0d88d0db48c9cf9facbd/?cmp=nl-98&uuid=b773d0345b91052672951ce1a0f52756 (Stand: 15.11.2023)
16 https://www.tuev-nord.de/explore/de/entdeckt/gruener-stahl-durch-wasserstoff/ (Stand: 15.11.2023)
17 https://www.deutsche-phosphor-plattform.de (Stand: 15.11.2023)
18 https://de.wikipedia.org/wiki/Grundchemikalie (Stand: 15.11.2023)
19 https://shop.gito.de/media/products/0872992001555397747.pdf (Stand: 15.11.2023)
20 https://shop.gito.de/media/products/0872992001555397747.pdf (Stand: 15.11.2023)
21 https://www.capital.de/wirtschaft-politik/industrie-5–0-die-naechste-industrielle-revolution-ist-biologisch/amp (Stand: 15.11.2023)
22 https://www.gut-cert.de/leistungen/nachhaltigkeitspruefungen/chemische-industrie/iscc-plus (Stand: 15.11.2023)
23 https://www.process.vogel.de/keine-auswirkungen-in-leuna-durch-gas-lieferstopps-a-1107429/?p=3 (Stand: 15.11.2023)
24 Mutschmann/Stimmelmayr: Taschenbuch der Wasserversorgung. Springer Vieweg. 17. Auflage, S. 723
25 https://ethz.ch/de/news-und-veranstaltungen/eth-news/news/2017/07/mit-quantencomputern-komplexe-chemische-prozesse-aufklaeren.html (Stand: 15.11.2023)
26 https://www.merckgroup.com/de/research/science-space/envisioning-tomorrow/smarter-connected-world/quantum-computing.html (Stand: 15.11.2023)
27 https://www.europarl.europa.eu/news/de/headlines/economy/20151201STO05603/kreislaufwirtschaft-definition-und-vorteile (Stand: 15.11.2023)
28 https://www.covestro.com/de/sustainability/what-drives-us/circular-economy?gclid=EAIaIQobChMIouCNxdeG9gIVyOF3Ch0xSwGaEAAYASAAEgIWOvD_BwE (Stand: 15.11.2023)
29 https://www.solvay.de/unternehmen/nachhaltige-entwicklung/ressourcen (Stand: 15.11.2023)

30 https://www.handelsblatt.com/unternehmen/industrie/solvay-chefin-chemie-managerin-kadri-die-mutter-aller-industrien-muss-sich-neu-erfinden/26846092.html?ticket=ST-14289956-AaVCvpcBuNOH-fiqTMnxb-ap6 (Stand: 15.11.2023)

31 https://sintac.es/de/welche-laender-recyceln-am-meisten-in-der-welt/ (Stand: 15.11.2023)

32 https://www.process.vogel.de/10-chemie-innovationen-fuer-eine-nachhaltigere-welt-gal-8867/?p=3#gallerydetail (Stand: 15.11.2023)

33 https://www.plastverarbeiter.de/markt/enzymatische-pet-bio-recycling-anlage-in-frankreich-geplant-439.html (Stand: 15.11.2023)

34 https://www.umweltdatenbank.de/cms/lexikon/31-lexikon-e/2089-end-of-pipe-technologie.html (Stand: 15.11.2023)

35 https://www.process.vogel.de/kreislaufwirtschaft-fuer-prozessabwaesser-wassereffizienz-statt-end-of-pipe-a-1108074/?cmp=nl-254&uuid=b773d0345b91052672951ce1a0f52756 (Stand: 15.11.2023)

36 https://www.handelsblatt.com/unternehmen/energie/klimaschutz-klima-killer-beton-so-will-die-deutsche-zementindustrie-co2-neutral-werden-/26652040.html?ticket=ST-12598869-CVN0nqDPATeJS3WDKY3 l-ap6 (Stand: 15.11.2023)

37 https://energieforschung.at/projekt/neostahl-neue-energieoptimierungs-verfahren-und-modelle-in-der-prozessautomation-zur-co2-reduktion-in-der-stahlindustrie/ (Stand: 15.11.2023)

38 https://www.ifeu.de/themen/industrie-und-produkte/grundstoffindustrie/chemische-industrie/ (Stand: 15.11.2023)

39 https://www.chemietechnik.de/anlagenbau/chemiekonzerne-wollen-ersten-elektro-steamcracker-bauen-283.html (Stand: 15.11.2023)

40 https://www.process.vogel.de/der-elektrik-trick-kommt-jetzt-der-strombeheizte-steamcracker-a-1048293/ (Stand: 15.11.2023)

41 https://www.manager-magazin.de/unternehmen/energie/industrielle-produktion-gasverbrauch-durch-thermische-batterien-reduzieren-a-bca0a31d-2a36–4c0a-ae63-baea84d5d661-amp (Stand: 15.11.2023)

42 https://energy-nest.com/wp-content/uploads/2019/12/Sciten-TB-INFO77 EnergyNest.pdf (Stand: 15.11.2023)

43 https://www.wiwo.de/my/technologie/umwelt/energiekrise-mega-waerme-pumpen-sollen-der-industrie-beim-gasausstieg-helfen/28428130.html?ticket=ST-949016-TD69BZWQ3eS44nvF4zSe-cas01.example.org (Stand: 15.11.2023)

44 https://gas.info/energie-gas/wasserstoff/herstellung-wasserstoff/gruener-wasserstoff (Stand: 15.11.2023)

45 https://dwv-info.de/wp-content/uploads/2023/04/20210616-EP-Gruener-Stahl-min-1.pdf (Stand: 15.11.2023)
46 https://www.manager-magazin.de/unternehmen/industrie/wasserstoff-statt-kohle-wie-weit-die-plaene-fuer-gruenen-stahl-sind-a-6b4e6238-c82f-4dfe-9eb4-d9f2304f7ffb (Stand: 15.11.2023)
47 https://www.chemietechnik.de/energie-utilities/klimabilanz-der-zement-industrie-372.html (Stand: 15.11.2023)
48 https://www.mdr.de/wissen/faszination-technik/klimakiller-zement-100.html (Stand: 15.11.2023)
49 https://www.ndr.de/nachrichten/info/Ist-es-sinnvoll-CO2-im-Nordsee-Boden-zu-speichern,kohlendioxidspeicherung106.html (Stand: 15.11.2023)
50 https://www.zkg.de/de/artikel/zkg_2010–06_Verwendung_von_Stahlwerksschlacken_in_der_Zementindustrie_929491.html (Stand: 15.11.2023)
51 https://www.process.vogel.de/schlacken-aus-der-stahlindustrie-werden-zu-ressource-fuer-zement-und-baustoffe-a-1038144/ (Stand: 15.11.2023)

4. Zukunft Stoffformung – Maschinen-, Anlagen- und Fahrzeugbau als Treiber der technologischen Transformation

1 Bezogen auf die »Allgemeine Techniklehre« nach Horst Wolffgramm. Nach Wolffgramm lassen sich alle technologischen Vorgänge oder Verfahren danach erfassen, was im Zentrum des Bearbeitungsprozesses steht.
2 https://de.statista.com/statistik/daten/studie/476783/umfrage/treibhausgasemissionen-des-deutschen-maschinenbaus/ (Stand: 15.11.2023)
3 https://www.produktion.de/technik/co2-neutrale-industrie/experte-maschinenbauer-muessen-bei-klimaschutz-nun-abliefern-444.html (Stand: 15.11.2023)
4 https://www.lehrerfreund.de/technik/1s/waermebehandlung-von-stahl-gluehen-haerten-vergueten/3684 (Stand: 15.11.2023)
5 https://www.energy4climate.nrw/industrie-produktion/energiebedarf-der-industrie/klimaneutrale-prozesswaerme (Stand: 15.11.2023)
6 https://www.energy4climate.nrw/industrie-produktion/energiebedarf-der-industrie/klimaneutrale-prozesswaerme (Stand: 15.11.2023)
7 https://www.energy4climate.nrw/industrie-produktion/energiebedarf-der-industrie/klimaneutrale-prozesswaerme (Stand: 15.11.2023)

8 https://www.umsicht-suro.fraunhofer.de/de/unsere-loesungen/thermische_speicher.html (Stand: 15.11.2023)
9 https://fe-s.dk/de/praecisionsstobning/ (Stand: 15.11.2023)
10 https://www.hirschvogel.com/fileadmin/editor/downloads/medien/MassivumgeformteKomponentenDE.pdf (Stand: 15.11.2023)
11 https://www.mordorintelligence.com/de/industry-reports/3d-printing-market (Stand: 15.11.2023)
12 https://www.produktion.de/abonnement/heftarchiv/ausgabendetail/Produktion-8–2023.html (Stand: 15.11.2023)
13 https://de.misumi-ec.com/de/kampagnen/techletter-de/quantencomputing-3-gruende-fuer-cad-designer/ (Stand: 15.11.2023)
14 https://www.produktion.de/technik/warum-laser-die-wunderwaffe-fuer-elektroautos-sind-637.html?emi=lClQCnPuHW&utm_campaign=20230329_1530_PRO+der+%C3%9Cberblick-NL+PRO+Der+%C3%9Cberblick&utm_source=pro-morning&utm_medium=email (Stand: 15.11.2023)
15 https://sechsnull.de/zukunft/industrie/ (Stand: 15.11.2023)
16 https://www.produktion.de/technik/zukunftstechnologien/virtual-reality/wofuer-braucht-die-industrie-eigentlich-das-metaverse-998.html?emi=lClQCnPuHW&utm_campaign=20230411_1530_PRO+der+%C3%9Cberblick-NL+PRO+Der+%C3%9Cberblick&utm_source=pro-morning&utm_medium=email (Stand: 15.11.2023)
17 https://www.fraunhofer.de/content/dam/zv/de/forschungsthemen/energie/Studie_Energieeffizienz-in-der-Produktion.pdf (Stand: 15.11.2023)
18 https://www.vdma.org/viewer/-/v2article/render/79674274 (Stand: 15.11.2023)
19 https://www.thi.de/fileadmin/daten/Working_Papers/thi_workingpaper_46_hofbauer.pdf (Stand: 15.11.2023)

5. Zukunft Bauen und Wohnen

1 https://work-on-progress.strabag.com/de/co2-emissionen/innovation-center-stuttgart (Stand: 15.11.2023)
2 https://www.manager-magazin.de/politik/25-prozent-der-waermeenergie-liessen-sich-durch-einen-gang-in-den-heizungskeller-sparen-a-de851b21-b4a1–4f6b-b196-f8aacd6e768b (Stand: 15.11.2023)
3 http://www.ah-aktivhaus.com/ (Stand: 15.11.2023)

4 https://library.fes.de/pdf-files/managerkreis/19316.pdf (Stand: 15.11.2023)
5 https://www.lee-mv.de/2021/07/22/definition-waermewende/ (Stand: 15.11.2023)
6 https://www.ks-bayern.de/news/neue-studie-megatrends-am-bau/ (Stand: 15.11.2023)
7 https://de.statista.com/infografik/27327/anteil-der-energietraeger-beim-heizen-des-wohnungsbestandes-in-deutschland/ (Stand: 15.11.2023)
8 https://www.google.com/url?sa=t&rct=j&q=&esrc=s&source=web&cd=&ved=2ahUKEwjwqcShs6OCAxUW5wIHHQ6wC7cQFnoECC4QAQ&url=https%3A%2F%2Fwww.umweltbundesamt.de%2Fsites%2Fdefault%2Ffiles%2Fmedien%2F1410%2Fpublikationen%2F2019–05–23_cc_22–2019_wohnenundsanieren_hintergrundbericht.pdf&usg=AOv-Vaw33sLR3_i9RXt9Tp15IAhWT&opi=89978449 (Stand: 15.11.2023)
9 https://de.statista.com/statistik/daten/studie/1320914/umfrage/weltweite-produktion-von-zement/ (Stand: 15.11.2023)
10 https://www.umweltbundesamt.de/sites/default/files/medien/5750/publikationen/2020_10_29_texte_192_2020_potenziale_von_bauen_mit_holz_aktualisiert.pdf (Stand: 15.11.2023)
11 https://www.bmel.de/SharedDocs/Downloads/DE/Broschueren/waldbericht2021.pdf?__blob=publicationFile&v=7 (Stand: 15.11.2023)
12 https://gfw.global/3qER9tS (Stand: 15.11.2023)
13 https://wo-apps.thuenen.de/apps/wze/ (Stand: 15.11.2023)
14 https://www.manager-magazin.de/politik/25-prozent-der-waermeenergie-liessen-sich-durch-einen-gang-in-den-heizungskeller-sparen-a-de851b21-b4a1–4f6b-b196-f8aacd6e768b (Stand: 15.11.2023)
15 https://publikationen.bibliothek.kit.edu/1000151012 (Stand: 15.11.2023)
16 https://www.baublatt.de/startseite/automatisierung-gegen-fachkraefte-mangel/ (Stand: 15.11.2023)
17 https://www.piqd.de/klimawandel/warmedammung-ist-teuer-oder-die-energiesprong-initiative?ref=dailydigest&utm_campaign=viewpiq&utm_content=2022–02–05&utm_medium=email&utm_source=dailydigest_contenttable (Stand: 15.11.2023)
18 https://blog.seeburger.com/de/bim-die-digitalisierung-der-baubranche-mit-building-information-modeling/ (Stand: 15.11.2023)
19 https://www.manager-magazin.de/finanzen/immobilien/immobilien-karsten-schmidt-gruender-von-ampeers-energy-ueber-energetische-sanierung-und-co2-reduzierung-a-911eb221-bb28–44ce-aa53-f80b6e-91bee8 (Stand: 15.11.2023)

20 https://www.stern.de/wirtschaft/immobilien/professor-fuer-umweltwirtschaft—-einfamilienhaeuser-sind-nicht-die-zukunft-des-wohnungsbaus—30383104.html (Stand: 15.11.2023)
21 https://www.planradar.com/de/passivhaus-nullenergiehaus-plusenergiehaus/ (Stand: 15.11.2023)
22 https://www.effizienzhaus-online.de/energie-plus-haus/ (Stand: 15.11.2023)
23 Fisch, Norbert: Energie plus. Alles andere ist zu wenig. In: Sapper, Thomas / Neumann, Peter (Hrsg.): Masterplan Haus 2050. Ein Lobbybuch für innovatives Bauen. Wandlitz: haus verlag & kommunikation gmbh, 2014, S. 66–81
24 Fisch, Norbert: Energie plus. Alles andere ist zu wenig. In: Sapper, Thomas / Neumann, Peter (Hrsg.): Masterplan Haus 2050. Ein Lobbybuch für innovatives Bauen. Wandlitz: haus verlag & kommunikation gmbh, 2014, S. 66–81
25 https://hlk.co.at/artikel/das-ist-das-erste-oeffentliche-netto-plusenergie-gebaeude-das-mehr-energie-erzeugt-als-es-verbraucht/ (Stand: 15.11.2023)
26 https://www.vs.inf.ethz.ch/edu/FS2010/DS/reports/ds2010_12_report_dominikblunschy.pdf (Stand: 15.11.2023)
27 https://cmk.faz.net/cms/articles/13506?iqpubred=iqdfaz&&iqdcmkal=true (Stand: 15.11.2023)
28 https://www.manager-magazin.de/finanzen/immobilien/immobilien-karsten-schmidt-gruender-von-ampeers-energy-ueber-energetische-sanierung-und-co2-reduzierung-a-911eb221-bb28–44ce-aa53-f80b6e-91bee8 (Stand: 15.11.2023)
29 https://www.manager-magazin.de/finanzen/immobilien/immobilien-karsten-schmidt-gruender-von-ampeers-energy-ueber-energetische-sanierung-und-co2-reduzierung-a-911eb221-bb28–44ce-aa53-f80b6e-91bee8 (Stand: 15.11.2023)
30 https://www.umweltbundesamt.de/daten/ressourcen-abfall/verwertung-entsorgung-ausgewaehlter-abfallarten/bauabfaelle#boden-und-steine-bauschutt-und-strassenaufbruch (Stand: 15.11.2023)
31 https://klimaforum-bau.de/news/europaeisches-forschungsprojekt-reincar nate-will-bauabfaelle-um-80-prozent-reduzieren/ (Stand: 15.11.2023)
32 https://www.deutschlandfunk.de/geothermie-in-deutschland-roadmap-zeigt-entwicklungspotenzial-100.html (Stand: 15.11.2023)
33 https://www.sbz-monteur.de/sites/default/files/sbzm_pdf/file_650350.pdf (Stand: 15.11.2023)
34 https://www.bund.net/fileadmin/user_upload_bund/publikationen/bund/position/solarthermie_position.pdf (Stand: 15.11.2023)

35 https://www.dbfz.de/fileadmin/user_upload/Referenzen/Statements/Positionspapier_Biogas_Ukraine.pdf (Stand: 15.11.2023)
36 https://efahrer.chip.de/news/wasserstoff-heizung-warum-sie-aktuell-nicht-die-loesung-ist_108731 (Stand: 15.11.2023)
37 https://www.tagesschau.de/wirtschaft/verbraucher/gasheizungen-waermepumpen-gasbrennwertkessel-oelheizungen-heizungen-holzpellets-101.html (Stand: 15.11.2023)
38 https://efahrer.chip.de/news/waermepumpen-feiern-hochkonjunktur-dieses-land-uebertrumpft-uns-alle_106958 (Stand: 15.11.2023)
39 https://www.geothermie.de/bibliothek/lexikon-der-geothermie/a/absorptionswaermepumpe.html (Stand: 15.11.2023)
40 https://www.dein-heizungsbauer.de/ratgeber/bauen-sanieren/hybrid-heizung-gas-waermepumpe/ (Stand: 15.11.2023)
41 https://www.geothermie.de/bibliothek/lexikon-der-geothermie/a/absorptionswaermepumpe.html (Stand: 15.11.2023)
42 https://blog.innovation4e.de/2021/05/20/wie-schaffen-wir-mehr-waermepumpen-im-bestand/ (Stand: 15.11.2023)
43 https://www.energieinstitut.at/buerger/haustechnik-energieversorgung/gute-waermepumpen/ (Stand: 15.11.2023)
44 https://www.iwd.de/artikel/gruene-fernwaerme-in-deutschland-noch-nicht-verbreitet-555678/ (Stand: 15.11.2023)
45 https://www.iwd.de/artikel/gruene-fernwaerme-in-deutschland-noch-nicht-verbreitet-555678/ (Stand: 15.11.2023)
46 https://www.geothermie.de/bibliothek/lexikon-der-geothermie/f/fernkaelte.html (Stand: 15.11.2023)
47 https://dubisthalle.de/zukunftsspeicher-wird-ab-dezember-gefuellt (Stand: 15.11.2023)
48 https://www.baunetzwissen.de/solar/fachwissen/solarspeicher/solare-langzeitspeicher-2343255 (Stand: 15.11.2023)
49 https://www.kremsmueller.com/waermespeicher/?gclid=CjwKCAjwt-p2bBhAGEiwAOZZTuHFAHmeI3VvOu-1K-7OL02CxkBRxVm0e99j-WD4E7jEZ121KHkf5rihoCAOAQAvD_BwE (Stand: 15.11.2023)

6. Zukunft Landwirtschaft und Ernährung

1 https://www.umweltbundesamt.de/themen/boden-flaeche/bodenbelastungen/verlust-der-biodiversitaet-im-boden#der-boden-lebt (Stand: 15.11.2023)

2 https://www.umweltbundesamt.de/daten/land-forstwirtschaft/beitrag-der-landwirtschaft-zu-den-treibhausgas#treibhausgas-emissionen-aus-der-landwirtschaft (Stand: 15.11.2023)
3 IPBES Report: Global Assessment Report on Biodiversity and Ecosystem Services (2019)
https://scholar.google.de/scholar?q=IPBES+Report:+Global+Assessment+Report+on+Biodiversity+and+Ecosystem+Services+(2019)&hl=de&as_sdt=0&as_vis=1&oi=scholart (Stand: 15.11.2023)
4 https://www.agrarheute.com/management/betriebsfuehrung/studie-landwirtschaft-verantwortlich-fuer-insektensterben-551626 (Stand: 15.11.2023)
5 TEEB Report: The Economics of Ecosystems and Biodiversity (2010)
https://scholar.google.de/scholar?q=TEEB+Report:+The+Economics+of+Ecosystems+and+Biodiversity+(2010)&hl=de&as_sdt=0&as_vis=1&oi=scholart (Stand: 15.11.2023)
6 https://www.sign-lang.uni-hamburg.de/galex/konzepte/l97.html (Stand: 15.11.2023)
7 https://www.bmel.de/SharedDocs/Downloads/DE/_Landwirtschaft/Pflanzenbau/Kurzfassung-Bodenzustandserhebung.pdf?__blob=publicationFile&v=3 (Stand: 15.11.2023)
8 https://finland.fi/de/business-amp-innovation/protein-und-energie-aus-der-luft-finnische-projekte-schaffen-mehrwert-aus-co2/ (Stand: 15.11.2023)
9 https://www.scinexx.de/news/biowissen/protein-nahrung-aus-luft-und-mikroben/ (Stand: 9.1.2024)
10 https://www.bund.net/umweltgifte/glyphosat/ (Stand: 15.11.2023)
11 https://bio-aus-bw.de/,Lde/Startseite/Service/Grundsaetze+_amp_amp_amp_+Ziele (Stand: 15.11.2023)
12 https://www.bmel.de/SharedDocs/Downloads/DE/Broschueren/OekolandbauDeutschland.pdf?__blob=publicationFile&v=4 (Stand: 15.11.2023)
13 Ponisio, L. C., M'Gonigle, L. K., Mace, K. C., Palomino, J., & de Valpine, P. (2015). Diversification practices reduce organic to conventional yield gap. Proceedings of the Royal Society B: Biological Sciences, 282(1799), 20141396
https://royalsocietypublishing.org/doi/10.1098/rspb.2014.1396 (Stand: 15.11.2023)
14 Seufert, V., Ramankutty, N., & Foley, J. A. (2012). Comparing the yields of organic and conventional agriculture. Nature, 485(7397), 229–232. https://doi.org/10.1038/nature11069 (Stand: 15.11.2023)
15 https://www.dena.de/fileadmin/dena/Publikationen/PDFs/2022/ANALYSE_Marktmonitoring_Bioenergie_2022_Teil_1.pdf (Stand: 15.11.2023)

16 https://www.ingenieur.de/technik/fachbereiche/energie/energie-vom-acker-im-vergleich-wie-effizient-sind-photovoltaik-windkraft-und-biogasanlagen/ (Stand: 15.11.2023)
17 Gabriel, D., Sait, S. M., Hodgson, J. A., Schmutz, U., Kunin, W. E., & Benton, T. G. (2010). Scale matters: the impact of organic farming on biodiversity at different spatial scales. Ecology letters, 13(7), 858–869. https://onlinelibrary.wiley.com/doi/abs/10.1111/j.1461–0248.2010.01481.x (Stand: 15.11.2023)
18 Hallmann, C. A., et al. »More than 75 percent decline over 27 years in total flying insect biomass in protected areas.« PLoS One 12.10 (2017) https://journals.plos.org/plosone/article?id=10.1371/journal.pone.0185809 (Stand: 15.11.2023)
19 https://www.n-tv.de/wissen/Alarmierender-Rueckgang-der-Vogelbestaende-in-Europa-article24124400.html (Stand: 15.11.2023)
20 https://www.piqd.de/loesungen/nachhaltigkeit-in-der-landwirtschaft-de-growth-oder-umstellung?ref=dailydigest&utm_campaign=viewpiq&utm_content=2022–06–05&utm_medium=email&utm_source=dailydigest_contenttable (Stand: 15.11.2023)
21 Wiesmeier (2017): Klimaschutz durch Humusaufbau – Umsetzungsmöglichkeiten der 4-Promille-Initiative in Bayern. Kapitel 2 von Landwirtschaft im Klimawandel Lösungen, die Geld sparen. Schriftenreihe der Bayerischen Landesanstalt für Landwirtschaft. ISSN 1611–4159
22 https://www.sciencemediacenter.de/alle-angebote/science-response/details/news/klimaschutz-mit-carbon-farming-eine-gute-idee/ (Stand: 15.11.2023)
23 https://www.thuenen.de/media/ti/Leitung_Zentralbereich_Stabsstellen/Stabsstellen_Klima_und_Boden/Projekte/Zusammenfassung_Fokusgruppe_Road4Schemes_DEU.pdf (Stand: 15.11.2023)
24 https://www.agrarheute.com/technik/traktoren/john-deere-autonomer-traktor-serienreif-kommt-schon-2022–589025 (Stand: 15.11.2023)
25 https://www.landwirtschaft.de/landwirtschaft-verstehen/haetten-sies-gewusst/pflanzenbau/warum-werden-landmaschinen-immer-groesser (Stand: 15.11.2023)
26 https://atpinfo.de/produkte-und-loesungen/autonome-roboter-fuer-die-oekologische-landwirtschaft/ (Stand: 9.1.2024)
27 https://www.landwirtschaft.de/landwirtschaft-verstehen/wie-funktioniert-landwirtschaft-heute/wofuer-braucht-man-drohnen-in-der-landwirtschaft (Stand: 15.11.2023)
28 https://www.vdi.de/news/detail/fahren-traktoren-bald-elektrisch (Stand: 15.11.2023)

29 https://www.landwirtschaft.de/diskussion-und-dialog/umwelt/wie-klimaschaedlich-sind-tierische-lebensmittel (Stand: 15.11.2023)
30 https://biooekonomie.de/themen/dossiers/pflanzenbasierter-fleischersatz-produkte-mit-zukunftspotenzial#dossier-page-2 (Stand: 15.11.2023)
31 Tuomisto, H.L. and de Mattos, M.J.T., 2011. Environmental impacts of cultured meat production. Environmental science & technology, 45(14), pp. 6117–6123
32 Verbeke, W., Marcu, A., Rutsaert, P., et al., 2015. »Would you eat cultured meat?«: Consumers' reactions and attitude formation in Belgium, Portugal and the United Kingdom. Meat Science, 102, pp. 49–58. https://www.sciencedirect.com/science/article/abs/pii/S0309174014005014 (Stand: 15.11.2023)
33 https://www.verbraucherzentrale.de/wissen/lebensmittel/auswaehlen-zubereiten-aufbewahren/insekten-essen-eine-alternative-zu-herkoemm-lichem-fleisch-33101 (Stand: 15.11.2023)
34 Tan, H.S.G., et al., 2020. Insects as food: Exploring cultural exposure and individual experience as determinants of acceptance. Food Quality and Preference, 82, 103881. https://scholar.google.de/scholar?q=Tan,+H.S.G.,+et+al.,+2020.+Insects+as+food:&hl=de&as_sdt=0&as_vis=1&oi=scholart (Stand: 15.11.2023)
35 https://www.spektrum.de/news/essen-aus-dem-bioreaktor-fleisch-vom-acker-gemuese-aus-dem-tank/1968235 (Stand: 15.11.2023)
36 https://www.notebookcheck.com/Wissenschaftler-stellen-Protein-aus-Luft-her-High-Tech-Lebensmittel-soll-2023-erhaeltlich-sein.678487.0.html (Stand: 15.11.2023)

7. Zukunft Informations- und Kommunikations-technologien

1 https://www.lanline.de/datacenter/multiplikatoreffekt-auf-das-wirtschafts-wachstum.254535.html (Stand: 15.11.2023) (Stand: 15.11.2023)
2 https://www.cell.com/patterns/fulltext/S2666-3899(21)00188-4? (Stand 15.11.2023)
3 https://www.sciencedaily.com/releases/2021/11/211118203514.htm (Stand: 15.11.2023)
4 https://www.cell.com/patterns/fulltext/S2666-3899(21)00188-4? (Stand: 15.11.2023)

5 https://theshiftproject.org/wp-content/uploads/2019/07/2019–02.pdf (Stand: 15.11.2023)
6 https://www.heise.de/news/Effizienz-von-Rechenzentren-stieg-in-acht-Jahren-um-den-Faktor-6–4671552.html (Stand: 15.11.2023)
7 https://www.datacenter-insider.de/groesser-schneller-gruener—die-hpc-und-superrechner-a-541862/ (Stand: 15.11.2023)
8 Halper, M. (2015, September 24). *Supercomputing's Super Energy Needs, and What to Do About Them.* Communications of the ACM
9 Brownell, V. (2019, March 11). *Quantum computing could change the way the world uses energy.* Quartz
10 Chicago Quantum. (2019, August 29). *Quantum computers are more energy efficient.* Chicago Quantum
11 https://www.tab-beim-bundestag.de/themenfeld-energie-und-umwelt_energieverbrauch-der-ikt-infrastruktur.php (Stand: 15.11.2023)
12 Uotila, T. (2019, August 3). *Impact of Quantum Computing on the Global Energy System.* LinkedIn
13 https://www.deutschlandfunknova.de/beitrag/strombedarf-von-rechenzentren-und-endgeraeten-effizienz-steigern-abwaerme-nutzen (Stand: 15.11.2023)
14 https://www.datacenter-insider.de/die-energie-bilanz-von-rechenzentren-faellt-negativ-aus-a-328335/?p=2 (Stand: 15.11.2023)
15 https://sustainability.google/intl/de/progress/projects/belgium-solar/ (Stand: 15.11.2023)
16 https://www.westfalenwind.de/sauber-rechnen/ (Stand: 15.11.2023)
17 https://www.ingenieur.de/fachmedien/bwk/erneuerbare-energien/aus-nutzloser-abwaerme-wird-wertvoller-strom/ (Stand: 15.11.2023)
18 https://www.schaefer-it-systems.de/de/newsroom/detail/wasser-fuer-die-it (Stand: 15.11.2023)
19 https://business-services.heise.de/specials/moderne-it-infrastruktur/home/beitrag/wie-innovative-rz-kuehlsysteme-zu-mehr-nachhaltigkeit-und-ressourcenschonung-beitragen-4294 (Stand: 15.11.2023)
20 https://www.mckinsey.com/de/news/presse/green-it-dekarbonisierung-unternehmens-it-studie (Stand: 15.11.2023)
21 https://www.umweltbundesamt.de/publikationen/paradigmenwechsel-in-der-green-it-notwendig-0 (Stand: 15.11.2023)
22 https://www.datacenter-insider.de/cloud-oder-edge—alternativen-fuer-die-datenverarbeitung-a-1094438/?cmp=nl-86&uuid=b773d0345b91052672951ce1a0f52756 (Stand: 15.11.2023)

23 https://www.mckinsey.com/de/news/presse/green-it-dekarbonisierung-unternehmens-it-studie (Stand: 15.11.2023)

24 https://de.statista.com/statistik/daten/studie/514801/umfrage/umfrage-zum-alter-der-genutzten-smartphones-in-deutschland/ (Stand: 15.11.2023)

25 https://www.techbuyer.com/de/blog/wie-oft-hardware-aktualisieren (Stand: 15.11.2023)

26 Rüdiger, Ariane (2022). Elektronikschrott vermeiden. Ohne Ende. In: iX Special 2022 Green IT, S. 31. https://shop.heise.de/ix-13–2022/Print

27 https://www.izm.fraunhofer.de/de/abteilungen/environmental_reliability-engineering/projekte/rohstoffe-fuer-zukunftstechnologien-2021.html (Stand: 15.11.2023)

28 https://www.mpg.de/7586050/bakterium_seltene_erden (Stand: 15.11.2023)

29 https://www.deutsche-rohstoffagentur.de/DE/Gemeinsames/Produkte/Downloads/DERA_Rohstoffinformationen/rohstoffinformationen-50.pdf?__blob=publicationFile&v=4 (Stand: 15.11.2023)

30 Schatten, Alexander (2022) Technisches Versagen der Softwareentwicklung. Ein schwerer Anfang. In: iX Special 2022 Green IT, S. 41. https://shop.heise.de/ix-13–2022/Print

31 https://news.it-matchmaker.com/green-coding-energiesparen-mit-software/ (Stand: 15.11.2023)

32 https://www.smapone.com/no-code-studie/?utm_term=low%20code%20studie&utm_campaign=DACH+%7C+Studien+%26+Trends&utm_source=google&utm_medium=cpc&hsa_acc=6453249265&hsa_cam=1697237023&hsa_grp=127727026722&hsa_ad=573710259549&hsa_src=g&hsa_tgt=kwd-1408975803035&hsa_kw=low%20code%20studie&hsa_mt=b&hsa_net=adwords&hsa_ver=3&gclid=EAIaIQobChMI6fuQ0P-I_wIVyeZ3Ch0SCwauEAAYAiAAEgLLKPD_BwE (Stand: 15.11.2023)

33 https://www.datacenter-insider.de/traurige-bilanz-fuer-den-klimaschutz-durch-digitalisierung-a-1078295/?cmp=nl-86&uuid=b773d0345b91052672951ce1a0f52756 (Stand: 9.1.2024)

34 https://reset.org/kuenstliche-intelligenz-koennen-wir-rechenleistung-unseren-planeten-retten-12112019/ (Stand: 15.11.2023)

35 https://www.ingenieur.de/technik/fachbereiche/kuenstliche-intelligenz/so-senkt-kuenstliche-intelligenz-die-c02-emssionen-von-unternehmen/?utm_source=browser&utm_medium=push-notification&utm_campaign=cleverpush-1683877677#?cleverPushBounceUrl=https%3A%2F%2Fwww.ingenieur.de&cleverPushNotificationId=weo2yNMZ3LKFqHJhA (Stand: 15.11.2023)

36 https://www.solarserver.de/2021/02/19/quantencomputer-optimiert-batterien-und-brennstoffzellen/ (Stand: 15.11.2023)
37 *Quantum Computing: A Key to Autonomous Vehicle Industry Success.* (n.d.). FutureBridge
38 https://www.volkswagenag.com/de/news/2019/10/volkswagen-optimizes-traffic-flow-with-quantum-computers.html (Stand: 15.11.2023)
39 https://digitaleweltmagazin.de/neutronenanalyse-eroeffnet-neue-perspektiven-fuer-energieuebertragung/ (Stand: 15.11.2023)
40 https://www.quantentechnologien.de/forschung/foerderung/anwendungs-netzwerk-fuer-das-quantencomputing/q-grid.html (Stand: 15.11.2023)
41 Ruane, J., McAfee, A., & Oliver, W. D. (2022). Quantum Computing for Business Leaders: Will the reality live up to the hype? Harvard Business Review
42 https://pharma-fakten.de/news/1128-debatte-was-kostet-die-entwicklung-eines-arzneimittels/ (Stand: 15.11.2023)
43 https://www.cimd.fraunhofer.de/de/kompetenzen/phasen-der-medikamen-tenentwicklung.html (Stand: 15.11.2023)
44 Arrazola, J. M., et al. (2021). Quantum computing for pharmaceutical research: Achievements, challenges, and prospects. Wiley Interdisciplinary Reviews: Computational Molecular Science, 11(2), e1497. https://scholar.google.de/scholar?q=Arrazola,+J.+M.,+et+al.+(2021).+Quantum+computing+for+pharmaceutical+research:&hl=de&as_sdt=0&as_vis=1&oi=-scholart (Stand: 15.11.2023)

8. Zukunft Bergbau

1 http://archiv.nationalatlas.de/wp-content/art_pdf/Band2_48–51_archiv.pdf (Stand: 15.11.2023)
2 https://www.technik-einkauf.de/rohstoffe/kritische-rohstoffe/rohstoff-dossier-seltene-erden-vitamine-der-industrie-297.html (Stand: 15.11.2023)
3 https://www.sueddeutsche.de/wissen/erdgas-die-groessten-methan-lecks-der-welt-1.5521537 (Stand: 15.11.2023)
4 https://climate-diplomacy.org/sites/default/files/2020–10/Report-Climate-Diplomacy-Climate-Change-and-Mining.pdf (Stand: 15.11.2023)
5 https://nachrichten.wiwo.de/3750f279810d88d8eb53fc90358c-9d1693416f9bb576b8e8c6ac4666f83aaa29db32effb69f86ea-de334e858bb667054128536690?utm_source=web-frontend&xing_share=news (Stand: 15.11.2023)

6 https://css.ethz.ch/ueber-uns/css-news/2023/02/the-rules-based-order-conflicting-understandings.html (Stand: 15.11.2023)
7 https://www.technologyreview.com/2023/01/31/1067444/we-have-enough-materials-to-power-world-with-renewables/ (Stand: 15.11.2023)
8 https://www.volkswagenag.com/de/news/stories/2020/03/lithium-mining-what-you-should-know-about-the-contentious-issue.html# (Stand: 15.11.2023)
9 https://www.solarify.eu/2021/06/07/711-lithium-wer-hebt-den-schatz/ (Stand: 15.11.2023)
10 https://www.produktion.de/abonnement/heftarchiv/ausgabendetail/Produktion-8–2023.html?ems_dl=418160637_lClQCnPuHW_9490_5764191_1_2000000 (Stand: 15.11.2023)
11 https://www.process.vogel.de/verpuffung-am-gasspeicher-rehden-einspeicherung-gestoppt-a-96f29d7285e538d184bc82afa22bfaee/?p=14 (Stand: 15.11.2023)
12 https://spectrum.ieee.org/direct-lithium (Stand: 15.11.2023)
13 https://amp2.handelsblatt.com/unternehmen/energie/rohstoffe-schweden-entdeckt-groesstes-seltene-erden-vorkommen-in-europa/28919698.html (Stand: 15.11.2023)
14 https://www.gamestar.de/artikel/tuerkei-seltene-erden-techindustrie,3382470.html (Stand: 15.11.2023)
15 https://www.zdf.de/nachrichten/politik/schweden-seltene-erden-fund-bedeutung-100.html (Stand: 15.11.2023)
16 https://www.scinexx.de/news/geowissen/renaissance-fuer-deutsches-erz/ (Stand: 15.11.2023)
17 https://www.mdr.de/wissen/quanten-sensoren-blick-unter-erde-100.html (Stand: 15.11.2023)
18 https://life-science.eu/mit-quantencomputer-chemische-bindungen-simuliert/ (Stand: 15.11.2023)
19 https://www.at-minerals.com/de/artikel/at_Moeglichkeiten_zur_Kohlenstoffreduzierung_im_globalen_Bergbau-3672756.html (Stand: 15.11.2023)
20 https://mining-report.de/smart-mining-heute-und morgen/ (Stand: 15.11.2023)
21 https://ts2.space/de/die-rolle-der-digital-twin-technologie-in-smart-mining-und-extraktion/ (Stand: 15.11.2023)
22 https://www.all-electronics.de/e-mobility/batterie-sicherheit/shell-dekarbonisiert-den-bergbau-834.html (Stand: 15.11.2023)
23 https://de.euronews.com/next/2019/06/17/bergbau-soll-umweltfreundlicher-werden (Stand: 15.11.2023)

24 https://www.heise.de/hintergrund/Seltene-Erden-Mit-elektrischer-Spannung-soll-der-Abbau-umweltschonender-werden-7336369.html (Stand: 15.11.2023)
25 Esezobor, D. E., et al. (2018). Bioleaching technology in minerals processing. Journal of Sustainable Metallurgy, 4(3), S. 282–296
26 https://www.pebs-eu.de/DE/Themen/Min_rohstoffe/Projekte/Mineralische-Reststoffe-abgeschlossen/ROBEHA.html (Stand: 15.11.2023)
27 https://www.vdi-nachrichten.com/technik/werkstoffe/deutschland-und-seine-seltenen-erden/ (Stand: 15.11.2023)
28 https://www.mdr.de/wissen/tiefseebergbau-manganknollen-forschungs-schiff-sonne-100~amp.html (Stand: 15.11.2023)
29 https://www.products.pcc.eu/de/blog/in-welcher-elektronik-gibt-es-am-meisten-gold-rueckgewinnung-von-edelmetallen-aus-elektronik/ (Stand: 15.11.2023)
30 https://biooekonomie.de/nachrichten/neues-aus-der-biooekonomie/mikrobe-verwandelt-gift-gold (Stand: 15.11.2023)
31 https://www.ardalpha.de/wissen/umwelt/nachhaltigkeit/seltene-erden-sel-tenerdmetalle-metalle-rohstoffe-technologie-smartphones-china-100.html (Stand: 15.11.2023)
32 https://www.bmbf.de/bmbf/shareddocs/kurzmeldungen/de/filz-faengt-wertvolle-metalle-auf.html (Stand: 15.11.2023)
33 https://cordis.europa.eu/article/id/435844-new-technology-aims-to-capture-c02-from-the-air/de (Stand: 15.11.2023)
34 https://www.isi.fraunhofer.de/content/dam/isi/dokumente/cct/2020/BWCO219001.pdf (Stand: 15.11.2023)
35 https://www.iea.org/reports/direct-air-capture (Stand: 15.11.2023)
36 https://www.bgr.bund.de/DE/Themen/Nutzung_tieferer_Untergrund_CO2Speicherung/Downloads/CO2Geonet-broschuere.pdf?__blob=publi-cationFile&v=2 (Stand: 15.11.2023)
37 https://www.umweltbundesamt.de/themen/wasser/gewaesser/grundwasser/nutzung-belastungen/carbon-capture-storage#rechtsvorschriften-fur-ccs (Stand: 15.11.2023)

Epilog – auf zu neuen Zukünften

1 https://www.tagesspiegel.de/internationales/olforderung-im-amazonas-nicht-mehr-moglich-ecuador-entscheidet-sich-fur-die-natur-gegen-das-ol-10350946.html (Stand: 15.11.2023)

2 Hans Rosling 2018: Factfulness. Ten Reasons we're wrong about the world – and why things are better than you think. Sceptre Verlag

3 https://www.focus.de/earth/news/forscher-lagen-lange-falsch-wie-sich-die-klimaerwaermung-sofort-stoppen-liesse_id_202600150.html (Stand: 15.11.2023)